KWEKEN VAN BOLLEN IN KAMER OF KAS

Kweken van bollen in kamer of kas

P.J.M. KNIPPELS

A.A.BALKEMA/ROTTERDAM/BROOKFIELD/1999

ISBN 90 5410 468 6

© 1999 A.A. Balkema Uitgevers B.V., Postbus 1675, 3000 BR Rotterdam
Fax: +31.10.4135947; E-mail: balkema@balkema.nl; Internet: http://www.balkema.nl

Opgedragen aan mijn oom Jan Knippels (1930-1991)

Inhoudsopgave

Dankwoord

Zonder de hulp van een aantal mensen was dit boek niet tot stand gekomen. Op de eerste plaats wil ik Frans Noltee bedanken voor zijn kritische opmerkingen op de inhoud van dit boek, voor het delen van zijn kennis over het kweken van bolgewassen en voor het lenen van een aantal dia's. Verder wil ik Marja Smolenaars bedanken voor het in het Engels vertalen van de tekst en voor het redigeren van het boek. Kees van der Beek en ik hebben meerdere avonden, onder het genot van een pilsje en een sigaar, gediscussieerd over wat allemaal komt kijken bij het schrijven en uitgeven van een boek. Kees, bedankt. In het bijzonder wil ik mijn vrouw Christel bedanken voor de tijd en ruimte die zij mij gaf om dit boek te schrijven.

HOOFDSTUK 1

Inleiding

Ik kweek al een groot aantal jaren bolgewassen op de vensterbanken van mijn huis. Iedere keer als ik een boek erop nasla om meer te weten te komen over de planten en hun kweekwijzen, ondervind ik hetzelfde probleem. De boeken richten zich voornamelijk op de bekende planten zoals tulpen, hyacinten, narcissen en lelies. Aan de andere kant worden planten beschreven die (nog) niet in cultuur zijn. Als er in de boeken ingegaan wordt op het kweken, dan zijn de instructies of aanbevelingen veelal summier en vaak toegesneden op de klimatologische omstandigheden in Noord-Amerika of op die in de oorspronkelijke groeigebieden.

Ondanks het feit dat er in de afgelopen jaren een aantal, veelal gespecialiseerde, bollenboeken is gepubliceerd, is er een 'informatiegat' gebleven; een boek dat zich richt op de praktische aspecten van het in kamer en kas kweken van bollen, en dan wel planten die in redelijke mate beschikbaar zijn in Noordwest-Europa. Contacten met andere hobbykwekers leidden tot de conclusie dat ook zij behoefte hadden aan objectieve informatie over het kweken van bolgewassen. Dit motiveerde mij om dit boek te schrijven.

Ik wil niet pretenderen met dit boek een volledig overzicht te geven van alle bolgewassen die in kamer of kas gekweekt kunnen worden. Alleen die planten zijn beschreven die te verkrijgen zijn. De kweekinstructies zijn zo geschreven dat de lezer ze kan gebruiken als leidraad. Ze zijn niet bedoeld als strak schema wat van dag tot dag te doen, wanneer te verpotten en op welke dagen water te geven.

In dit boek zijn naast meer algemene aanwijzingen kweekaspecten per geslacht beschreven. De algemene aanwijzingen zijn opgesteld vanuit verschillende invalshoeken en kunnen eenvoudig in de praktijk worden gebracht; ongeacht of het geslacht of soort in dit boek is opgenomen. Per geslacht wordt ingegaan op essentiële kweekinformatie, maar ook of een plant geschikt is voor een beginner of voor een meer ervaren liefhebber. Op basis van vele jaren van ervaring is de ontwikkeling van ieder geslacht ge-

1

relateerd aan de kalendermaanden en is een koppeling gelegd naar het geven van water. Onderwerpen die niet eerder in bollenboeken zijn beschreven!

Dit boek is vanuit één visie geschreven: die van de auteur. Er zijn ongetwijfeld veel meer visies en denkbeelden over het kweken van bolgewassen. Dat hoort er nu eenmaal bij.

HOOFDSTUK 2

Introductie van bol-, knol- en wortelstokgewassen

2.1 INLEIDING

Bolgewassen hebben zich wat betreft hun morfologie aangepast aan periodiek veranderende omstandigheden; gunstige perioden worden afgewisseld door ongunstige tijden. Dit wordt veroorzaakt door het klimaat. De aanpassingen hebben geresulteerd in een, veelal, ondergronds opslagorgaan en in afwisselend een groei- en een rustperiode.

De generieke term voor bollen is geophyt: 'een overblijvende plant die ongunstige omstandigheden overleeft door de ondergrondse delen'. Als het in dit boek gaat over bollen, dan bedoelen we naast echte bollen ook rhizomen, knollen en andere opslagorganen. Voor het onderscheid zal gesproken worden van echte bollen als het alleen gaat om deze specifieke groep bolgewassen. Als de term bolgewassen wordt gebruikt, dan gaat het over op bol-, knol- en wortelstokgewassen in het algemeen, welke aanduidingen naast elkaar worden gebruikt in dit boek.

Het reservevoedsel (zetmeel, suikers en eiwitten) is opgeslagen in het opslagorgaan en moet de plant in staat stellen om ongunstige perioden te overleven. Op of in het opslagorgaan zit de knop die volgend seizoen zal uitgroeien tot een plant met wortels, bladeren en bloemen. Aan het eind van de groeiperiode, aan het begin van de rusttijd, sterven de bovengrondse delen meestal af en een deel van of alle wortels.

Echte bollen

In echte bollen is het reservevoedsel opgeslagen in de gemodificeerde, verdikte onderzijden van de bladeren. De stengel is gereduceerd tot de basale plaat of bolbodem. Als de bladachtige boldelen de bol geheel omsluiten en de uiteinden aan elkaar zijn vastgegroeid, spreken we van rokken. Voorbeelden zijn *Tulipa* en *Allium*. Als de bladachtige delen de bol deels omsluiten, dan is sprake van schubben, zoals bij *Fritillaria* en *Lilium*.

3

De meeste echte bolgewassen hebben een karakteristieke ontwikkeling. De hoofdknop, of apex, vormt een bloeiwijze als de bladeren zijn aangelegd. Het volgende groeiseizoen wordt de vegetatieve groei voortgezet door een nieuwe hoofdknop die zich ontwikkelt uit een oksel-, of zij- of laterale knop. Meestal wordt de dichtst bij de oude hoofdknop gelegen zijknop de nieuwe hoofdknop. Deze nieuwe hoofdknop start met de aanleg van bladeren in de generatieve fase van de oude hoofdknop.

Er bestaan éénjarige en meerjarige echte bollen. Eénjarige echte bollen worden bijvoorbeeld aangetroffen bij *Tulipa* en meerjarige bollen onder andere bij *Narcissus*, *Hippeastrum* en *Lilium*.

Rhizomen

Rhizomen, of wortelstokken, zijn ondergronds groeiende, kruipende, vertakkende stengels die bedekt zijn met schubvormige bladeren. Het reservevoedsel is opgeslagen in de wortelstok. De rhizoom is massief en vormt aan de uiteinden knoppen die uitgroeien tot bladeren en bloemen. Rhizomen groeien meestal horizontaal en vormen alleen aan de onderzijde wortels. Voorbeelden van wortelstokgewassen zijn *Iris germanica* en *Agapanthus*.

Knollen

Knollen worden verdeeld in drie soorten; stengelknollen, wortelknollen en dicotyle knollen.

Bij stengelknollen is een deel van de onderzijde van de stengel vergroeid tot een knol. De knop zit bovenop de knol. Aan het einde van het groeiseizoen sterft de knol meestal af en heeft zich bovenop de oude knol een nieuwe knol ontwikkeld. Stengelknollen zijn veelal éénjarig, met als voorbeelden *Crocus* en *Gladiolus*.

Bij wortelknollen is het reservevoedsel opgeslagen in de verdikte wortels.

In de Engelse taal bestaat een aparte term voor knollen bij Dicotylen: tubers. In het Nederlands kennen we een dergelijke aanduiding niet. Deze knollen zijn deels ondergronds groeiende stengels, meestal rond, vlezig en soms bedekt met schubvormige bladeren die zijn geconcentreerd aan de bovenzijde van de knol. Een dicotyle knol heeft meestal meerdere knoppen die gelijktijdig kunnen uitlopen. Voorbeelden zijn *Begonia*, *Dahlia* en *Sinningia*. In dit boek zal alleen over dicotyle knollen worden gesproken, als het over deze specifieke groep gaat. Als de term knollen worden gebruikt, wordt gedoeld op alle soorten knollen waaronder ook dicotyle knollen.

2.2 INDELING IN FAMILIES

De meeste bollen behoren tot de Orde der Monocotylen. Deze klasse wordt gekenmerkt door zaailingen met één zaadlob (de cotyledon), de parallelle

1. *Eucomis bicolor*: Uit rokken opgebouwde echte bol. Foto: P. Knippels.
2. *Drimia haworthioides*: Uit schubben opgebouwde echte bol. Foto: P. Knippels.
3. *Araceae: Arum italicum 'Marmoratum'*. Foto: P. Knippels.

| 1 | 3 |
| 2 | |

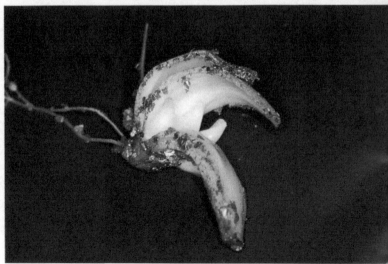

nervatuur van de bladeren, planten zonder primaire wortels, alleen bijwortels en bloemen die meestal drietallig zijn (drie, zes, negen, etc, bloemdekbladeren). De voor dit boek belangrijkste bollenfamilies zijn *Amaryllidaceae, Iridaceae, Alliaceae, Asphodelaceae* en *Hyacinthaceae*. De laatste drie behoren tot de voormalige familie der *Liliaceae*, welke is opgesplitst in verschillende nieuwe families waarvan deze drie de belangrijkste en omvangrijkste zijn (Dahlgren, Clifford en Yeo, 1985).

Een kenmerk van de hiervoor genoemde families is de morfologie van de bloem. De bloemen zijn meestal tweeslachtig en de buiten gelegen kelkbladeren en de binnenste kroonbladeren zijn wat betreft vorm en kleur aan elkaar gelijk. Derhalve worden de kelk- en kroonbladeren gezamenlijk aangeduid als bloemdek. De meeldraden staan in één of twee ringen van drie stuks. Het vruchtbeginsel is driehuizig.

Amaryllidaceae

De familie der *Amaryllidaceae* omvat circa 85 geslachten en meer dan 1.000 soorten. De planten uit deze familie groeien in bijna alle (sub)tropische en gematigde klimaatzones op zowel het noordelijk als op het zuidelijk halfrond. De belangrijkste groeigebieden zijn Zuid-Afrika, het Andes-gebergte in Zuid-Amerika en de landen rond de Middellandse Zee. In het algemeen zijn *Amaryllidaceae* kruidachtige, overblijvende planten, meestal met een echte bol. De planten vormen dikke, vlezige wortels die meestal niet afsterven in de rustperiode. De bladeren zijn lijnvormig. De bloeiwijze is een scherm dat omhuld wordt door een schutblad of -bladeren. Meestal sterft dit schutblad of -bladeren af ten tijde van de bloei. Bekende geslachten uit deze familie zijn *Amaryllis, Haemanthus* (beiden voorkomend in Zuid-Afrika), *Hippeastrum* (uit Zuid-Amerika) en *Galanthus* en *Narcissus* (groeien in Europa en Turkije).

Iridaceae

De familie der *Iridaceae* omvat zo'n 65 geslachten en 800 soorten. In het algemeen zijn de planten uit deze familie kruidachtige, overblijvende planten met een knol of een rhizoom, zelden met een echte bol. De familie komt voor in gematigde klimaatzones, met als belangrijke groeigebieden Zuid-Afrika en Chili. De bladeren zijn lancet- tot lijnvormig. De zes bloemdekbladeren zijn veelal aan de onderzijde tegen elkaar gegroeid en vormen een bloembuis. Een bekende vertegenwoordiger van deze familie is *Crocus* (Turkije). Interessante geslachten zijn *Gladiolus, Homeria, Moraea, Sparaxis, Watsonia* (allen uit zuidelijk Afrika) en *Tigridia* die in Zuid-Amerika groeit.

Hyacinthaceae

Deze familie omvat circa 40 geslachten en 900 soorten. De vertegenwoordi-

4	
5	6
	7

4. Kamiesberg in Namaqualand. Foto: F. Noltee.
5. 10 dagen oude zaailing van *Veltheimia bracteata*. Foto: P. Knippels.
6. Één maand oude zaailing van *Crinum* sp. met rechts de zaad. Foto: P. Knippels.
7. Adventieve bollen op dubbelschubben van *Galtonia candicans*. Foto: P. Knippels.

gers van deze familie groeien met name in gematigde klimaatzones en in het bijzonder in zuidelijk Afrika en het gebied dat zich uitstrekt van de Middellandse Zee tot Zuidwest-Azië. In het algemeen zijn het kruidachtige overblijvende planten met een echte bol. De bladeren zijn lijn- tot lancetvormig en staan meestal in een rozet. Bekende geslachten zijn *Hyancinthus* (uit de landen aan de noordzijde van de Middellandse Zee), *Ornithogalum* en *Scilla* (gematigde klimaatzones, in het bijzonder Turkije, Europa en zuidelijk Afrika).

Alliaceae

Nauw verwant aan de familie der *Hyacinthaceae* zijn *Alliaceae* en *Asphodelaceae*. De eerst genoemde familie omvat 30 geslachten en 700 soorten. De familie der *Alliaceae* kent een groot verspreidingsgebied, met als groeicentra Zuid-Afrika en het Amerikaanse continent. Bekende geslachten zijn *Allium* (voorkomend op het noordelijk halfrond), *Agapanthus* (uit Zuid-Afrika) en *Brodiaea* (Noord-Amerika).

Asphodelaceae

De familie der *Asphodelaceae* omvat 18 geslachten en circa 800 soorten. De meeste planten in deze familie zijn kruidachtigen. De bladeren zijn meestal succulent en staan in een rozet. Het belangrijkste verspreidingsgebied is Zuid-Afrika met als bekende geslachten *Aloe*, *Gasteria*, *Haworthia* (allen succulenten), *Kniphofia* en *Bulbine*.

Araceae

Een andere belangrijke bollenfamilie is die der *Araceae*. Deze familie verschilt van de hiervoor beschreven monocotyle families door de bloeiwijze. *Araceae* omvat zo'n 110 geslachten en 1.500 soorten. In het algemeen zijn de planten kruidachtig met een knol of met een wortelstok. Ze groeien in tropische en gematigde klimaatzones. De bloemen zijn klein, staan dicht opeen in de kolf en zijn meestal éénslachtig. In de bloeiwijze staan meestal zowel mannelijke als vrouwelijke bloemen, waarbij de mannelijke bloemen boven de vrouwelijke bloemen staan. De bloemdekbladeren zijn geheel of bijna geheel afwezig. De kolf is omhuld door een blad- of kroonbladachtig schutblad. De rijpe vruchten hebben meestal een felle kleur; geel, oranje of rood. Bekende vertegenwoordigers zijn *Amorphophalus* (Zuidwest-Azië), *Arum* (Europa en Turkije), *Sauromatum* (oostelijk Afrika, India en Sumatra) en *Zantedeschia* (Zuid-Afrika).

De Orde der Tweezaadlobbigen (dicotylen) wordt gekenmerkt door zaden met twee zaadlobben en bladeren met een hoofdnerf met zijnerven. De bloemen zijn meestal twee- of vijftallig. De planten met ondergrondse opslagorganen zijn verspreid over de families; sommige families hebben slechts één geslacht of soms één soort binnen een geslacht dat een ondergronds opslagorgaan bezit. Dit opslagorgaan is een knol of een wortelstok, nooit een echte bol. Families met knol- of rhizoom-vormende vertegenwoordigers zijn onder andere *Begoniaceae*, *Gesneriaceae* en *Oxalidaceae*.

Begoniaceae

Begoniaceae omvat vijf geslachten en circa 1.000 soorten. De familie groeit in tropische gebieden verspreid over de gehele aarde. De belangrijkste verspreidingsgebieden zijn India en de tropische oerwouden in Zuid-Amerika. De knolvormende planten in deze familie groeien met name in de hoger gelegen bergachtige gebieden van het Andes-gebergte en van zuidelijk Afrika. De familie kent ook enkele kruidachtige succulenten. De bloemen zijn éénslachtig en staan in de oksels van de bladeren. Het belangrijkste geslacht binnen deze familie is *Begonia*.

Gesneriaceae

De familie der *Gesneriaceae* omvat circa 120 geslachten en zo'n 2.000 soorten. In het algemeen zijn de planten uit deze familie kruid- of houtachtig en groeien ze in tropische en subtropische gebieden. Enkele geslachten vormen een knol of een wortelstok. De bladeren staan meestal in een rozet. De bloemen zijn bel- of buisvormig en zijn tweezijdig symmetrisch. Kenmerkend voor de familie zijn de korte haren op de bladeren en op de bloem. Soms zijn de bloemen of bladeren geheel bedekt met deze haren en hebben ze een groengrijze kleur. Een goed voorbeeld hiervan is *Sinningia canescens*. Bekende geslachten zijn *Achimenes* (vormt een rhizoom) en *Sinningia* (bezit een knol).

Oxalidaceae

De familie der *Oxalidaceae* omvat drie geslachten en zo'n 1.000 soorten. In het algemeen zijn de vertegenwoordigers van deze familie kruidachtigen met vlezige wortels of met een knol. De bloemen zijn opgebouwd uit vijf kelkbladeren en vijf kroonbladeren. Soms zijn de kroonbladeren aan de onderzijde vergroeid tot een buis. De bloeiwijze is alleenstaand of een scherm. Het grootste geslacht binnen de familie is *Oxalis* met ongeveer 800 soorten. *Oxalis* groeit bijna in alle klimaatzones verspreid over de gehele aarde. De belangrijkste groeigebieden zijn Zuid-Amerika en Zuid-Afrika. In het noordwesten van Europa komt *Oxalis acetosella* (witte klaverzuring) voor.

De hiervoor beschreven families zijn niet de enige families uit de Orde der Tweezaadlobbigen met knollen of wortelstokken. Andere families, die in dit boek niet aan de orde komen, zijn onder andere *Compositae* (o.a. *Dahlia*), *Tecophilaceae* (zes geslachten, o.a. *Cyanella* en *Tecophilee*), *Ranunculaceae* (zo'n 50 geslachten, o.a. *Anemone*, *Paeonia* en *Ranunculus*) en *Primulaceae* (ongeveer 20 geslachten, o.a. *Cyclamen*).

HOOFDSTUK 3

De belangrijkste groeigebieden

3.1 INLEIDING

In het vorige hoofdstuk is aangegeven dat bol-, knol- en wortelstokgewassen zich hebben aangepast aan het klimaat. Het klimaat waarin de meeste bol-gewassen groeien, wordt in het algemeen gekenmerkt door warme, droge perioden afgewisseld met vochtige, koele perioden. De planten groeien meestal in de vochtige, koele periode en zijn in rust in de warme, droge peri-ode. Een ander ritme is waarbij de planten groeien in de periode tussen deze twee perioden, meestal in de lente, zelden in het najaar. Het hiervoor beschreven klimaat komt met name voor in gematigde zones en minder fre-quent in savanne-gebieden. Deze twee gebieden/zones zijn de belangrijkste groeigebieden van bolgewassen.

Het klimaat in de gematigde zone wordt gekenmerkt door droge, warme zomers en koele, vochtige winters. Dit klimaat komt voor in de bollengroei-gebieden Chili, de staten Californië en Oregon in de Verenigde Staten en de Kaapregio in Zuid-Afrika, Turkije en andere landen rond de Middellandse Zee.

Het klimaat in de savanne-gebieden wordt gekenmerkt door droge, koele winters en warme, vochtige zomers. In deze gebieden groeien en bloeien de planten in het algemeen in de zomermaanden. Savannes worden aangetrof-fen in centraal en zuidelijk Afrika en in delen van Noord- en Zuid-Amerika. Het betreft hier zowel tropische als subtropische gebieden.

3.2 ZUID-AFRIKA

Als een overzicht wordt gemaakt van de groeigebieden van alle bloeiende planten, dan blijkt dat in Zuid-Afrika de meeste, verschillende, bloeiende planten voorkomen. Als vervolgens binnen Zuid-Afrika wordt gekeken naar de verspreiding, dan zijn de drie Kaapprovincies de belangrijkste gebieden,

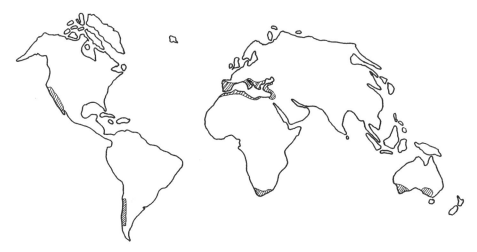

Figuur 1. Kaart van de aarde met de gematigde klimaatzones.

waarbij het Kaap-schiereiland een bijzondere plaats inneemt. Wat geldt voor de bloeiende planten, gaat ook op voor bol-, knol- en wortelstokgewassen, met name voor de echte bollen.

Zuid-Afrika kan worden onderverdeeld in de volgende gebieden:

1. Kaapgebied in West-Kaap;

Het betreft het zuidwestelijk deel van de provincie West-Kaap. De flora in dit gebied wordt gedomineerd door kleine bomen en struiken (struweel, in het Afrikaans fynbos genaamd). Het zuidwesten van West-Kaap herbergt het grootste aantal bloeiende planten ter wereld. Daarnaast is deze regio het belangrijkste groeigebied ter wereld van echte bollen. Dit deel van West-Kaap kan worden verdeeld in verschillende groeigebieden op basis van de periode van regenval: langs de west- en zuidwestkust is sprake van een winterregenvalgebied, naar het oosten toe overgaand in een over-gangszone waarin jaarrond regen valt en vervolgens meer naar het oosten toe een zomerregengebied. Bekende geslachten uit het zuidwesten van de West-Kaap zijn *Brunsvigia*, *Cyrtanthus*, *Gethyllis*, *Gladiolus*, *Lachenalia*, *Moraea*, *Ornithogalum* en *Oxalis*.

2. Kuststrook in Oost-Kaap en Kwazulu-Natal;

Dit gebied grenst in het westen aan de provincie West-Kaap en strekt zich naar het oosten toe uit tot de grens met Mozambique. De plantengroei in deze kuststrook wordt getypeerd door subtropische bossen. Bekende ge-slachten uit deze regio zijn *Clivia* en *Haemanthus*.

3. Karroo-Namaqualand gebied in West- en Noord-Kaap;

Dit gebied omvat de Grote en Kleine Karroo en strekt zich naar het noor-den toe uit tot het zuiden van Namibië. Het is een (semi-) woestijngebied dat een groot aantal bol-, knol- en wortelstokgewassen herbergt die kenmerkend zijn voor het gebied. Het Karroo-Namaqualand gebied is bekend om de vele succulenten die er voorkomen. Regen valt gewoonlijk in de wintermaanden. Wellicht kan beter gesproken worden van een onregelmatige regenval met een piek, of een kans op regen, in de wintermaanden. Bekende geslachten uit dit gebied zijn *Bulbine, Gethyllis* en *Lachenalia*.

4. Drakensberg-bergketen;

De Drakensberg-bergketen strekt zich uit over een lengte van meer dan 600 kilometer en loopt door Kwazulu-Natal, Lesotho, Mpumalanga en Noord-Provincie. De Drakensberg-keten maakt deel uit van een grotere bergketen die zich naar het noorden toe uitstrekt tot Ethiopië. De vegetatie in dit bergachtig gebied kan worden getypeerd worden als alpine flora waarin een aanzienlijk aantal bolgewassen groeit. In dit gebied groeit onder andere *Nerine bowdenii*.

5. Noordelijke, subtropische savanne.

De subtropische savanne in het noorden van Zuid-Afrika is het zuidelijk deel van een groter open graslandgebied dat circa drie miljoen km^2 beslaat en dat zich in het noorden uitstrekt tot Kenia, Tanzania en Congo. Het gebied strekt zich uit van 15° NB tot 25° ZB. In het algemeen wordt het landschap gedomineerd door grasvlaktes met verspreid staande kleine bomen, meestal *Acacia* soorten. In het savanne-gebied groeien met name monocotylen, in het bijzonder grassen. Hier voorkomende bolgewassen zijn onder andere *Boophone, Crinum, Drimia, Gloriosa* en *Scadoxus*. In het Zuid-Afrikaanse deel van de savanne valt de regen in de zomer; van november tot februari. De wintermaanden juni tot augustus zijn droog. De planten bloeien in het algemeen aan het begin van het natte seizoen. In vergelijking met de andere vier groeigebieden groeien in het savanne-gebied het minst aantal bolgewassen.

Hiervoor is al aangegeven dat Noord- en West-Kaap, en het zuidelijk deel van Namibië, verdeeld zijn in drie regenvalseizoenen; een winterregenvalseizoen langs de westkust, een zomerregengebied dat zich uitstrekt van het midden van het land tot de oostkust met ertussen een zone waar het gehele jaar regen valt. De landen ten noorden van Zuid-Afrika liggen in het zomerregengebied.

Deze verschillende regenvalperioden beïnvloeden en bepalen voor een aanzienlijk deel verschillen in perioden van groei, bloei en rust. In het gebied waar de regen in de wintermaanden valt, zullen de planten in deze wintermaanden groeien; de zogenaamde wintergroeiers. In het zomerregengebied groeien de planten in de zomer; de zomergroeiers. In de derde regio waar het jaarrond regent komen zomer- en wintergroeiers voor naast planten die het gehele jaar, kunnen, groeien en geen rustperiode kennen; in het Engels worden deze planten evergreens genoemd. De meeste planten kennen in cultuur dezelfde cyclus als in de natuur. Derhalve is het van belang te weten uit welk

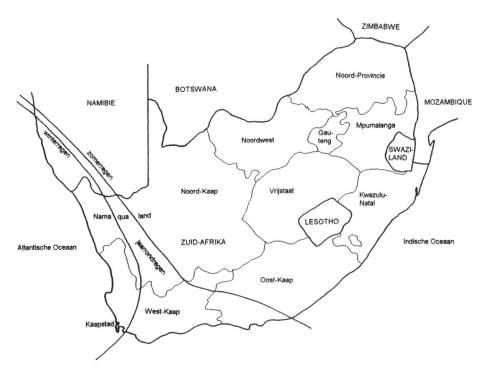

Figuur 2. De regenvalgebieden in Zuid-Afrika (naar Du Plessis en Duncan, 1989).

gebied een plant komt. Een bijkomende moeilijkheid is dat de ene soort van een geslacht in het ene regenvalgebied groeit, terwijl de andere soort in een ander gebied voorkomt. Deze situatie doet zich onder andere voor bij *Boophone*, *Cyrtanthus*, *Gladiolus*, *Ornithogalum* en *Oxalis*.

3.3 ZUID-AMERIKA

Zuid-Amerika (uitgezonderd Chili) is een minder bekend groeigebied van bol-, knol- en wortelstokgewassen. De bolgewassen groeien met name in de bergachtige gebieden en in de subtropische regio's. De families der *Amaryllidaceae* (o.a. *Habranthus*, *Hippeastrum*, *Hymenocallis* en *Zephyranthes*), *Iridiaceae* (o.a. *Cypella* en *Tigridia*) en *Gesneriaceae* (o.a. *Achimenes* en *Sinningia*) zijn sterk vertegenwoordigd in Zuid-Amerika.

In de gebieden rond de evenaar valt de regen het gehele jaar, met pieken in de perioden september-november en maart-mei. Het klimaat ten zuiden van de evenaar wordt gekenmerkt door koele, droge winters en warme, vochtige zomers. In deze algemene karakterisering bestaat enige variatie; de lengte van de droge en/of vochtige periode varieert, als ook de minimum- en maximumtemperaturen. De kustplaats Recife (Brazilië) ligt op 8° ZB, en de periode van september tot december is droog. In de zuidelijker gelegen stad Rio de Janeiro (23° ZB) is alleen de maand augustus droog. De Argentijnse plaats Mendoza (33° ZB) ligt aan de oostelijke zijde van het Andes-gebergte en kent een droge periode van april tot december. De hoger gelegen gebieden aan de oostelijke kant van de Andes zijn droog en koud in de maanden juni tot september en de temperatuur kan dalen tot onder 0°C. De zomermaanden, november tot februari, zijn vochtig.

3.4 CHILI

Chili ligt aan de westelijke zijde van de Zuid-Amerikaanse continent tussen 18° NB en 55° ZB. Het land wordt in het westen begrensd door de Stille Oceaan en in het oosten door het Andes-gebergte. Chili is van noord naar zuid 3.500 km lang en oost-west maximaal 330 km breed. Het land kan worden verdeeld in verschillende klimaatzones.
Van noord naar zuid treffen we eerst in het noorden de Atacama Woestijn; één van de droogste plaatsen op aarde met minder dan 25 mm regenval per jaar. De neerslag bestaat voor een groot deel uit de condensatie van in de ochtenuren laag hangende mist. In deze woestijn groeien alleen cactussen en Tillandsia's.
Het voor dit boek interessantste gebied is het middengedeelte van Chili waar de regen in de wintermaanden valt. Het gebied kan worden onderverdeeld in meerdere regio's. In het noordelijk deel van centraal Chili valt bijna alleen regen in de periode april tot september. De andere maanden zijn droog. Meer naar het zuiden toe is geen sprake meer van een duidelijke regenperiode, maar valt de regen jaarrond, maar minder in de zomer. Bekende geslachten uit centraal Chili zijn *Alstroemeria* (*Alstroemeriaceae*), *Rhodophiala*, *Phycella*, *Placeae* (allen *Amaryllidaceae*) en *Leucocoryne* (*Alliaceae*).
Het gebied rond de hoofdstad Santiago en de nabij gelegen lagere berghellingen zijn de belangrijkste groeigebieden van bol-, knol- en wortelstokgewassen in Zuid-Amerika. Gerangschikt naar het aantal bol-, knol- en wortelstokgewassen is dit gebied na Zuid-Afrika het tweede belangrijkste bollengroeigebied, met de nadruk op de familie der *Amaryllidaceae*.
De temperatuur in het gebied rond Santiago en de nabij gelegen lagere berghellingen kan in de wintermaanden dalen tot -5°C. De planten die op hoger gelegen plaatsen groeien, zijn goed bestand tegen koude in combinatie met vocht. De bolgewassen uit deze gebieden beginnen te groeien als de sneeuw is gesmolten en de temperatuur van de bovenste grondlaag is gestegen boven 0°C. De planten groeien en bloeien in de voorjaarsperiode van 2 tot 3 maanden; vóór de warme, droge zomer. In deze korte groeiperiode moeten de bollen uitgroeien tot een plant, bloeien en voldoende reservevoedsel opslaan

om te kunnen overleven tot het volgende groeiseizoen. Hiermee vertonen deze planten enige gelijkenis met de bolgewassen die groeien in de landen rond de Middellandse Zee en in Turkije (bijvoorbeeld *Crocus*, *Narcissus* en *Tulipa*). De bolgewassen uit Chili zijn zomergroeiers, sommigen kunnen wellicht beter getypeerd worden als lentegroeiers.

HOOFDSTUK 4

Kweken van bol-, knol- en wortelstokgewassen

4.1 INLEIDING

Het belangrijkste deel van bolgewassen, de bol, groeit veelal onder het grondoppervlak en is niet direct zichtbaar. Hiermee kent het kweken van bolgewassen ten opzichte van andere planten een extra moeilijkheidsgraad; de reactie van de bol op de groeiomstandigheden is niet direct zichtbaar. Daarnaast kunnen de aangeboden groeicondities in het ene seizoen effect hebben op de groei en de ontwikkeling van de plant in het volgende seizoen. Voor het succesvol kweken van bolgewassen is het dus belangrijk inzicht te hebben in de theoretische aspecten van de ontwikkeling van de planten in combinatie met praktische kweekaanwijzingen.

4.2 PERIODICITEIT

Kenmerkend voor bol-, knol- en wortelstokgewassen is de periodieke ontwikkeling: een periode van groei en bloei wordt afgewisseld door een rustperiode. Deze periodieke ontwikkeling vindt zijn grondslag in de klimaatomstandigheden in het oorspronkelijke groeigebied en wordt grotendeels door de plant zelf bepaald. De rustperiode kan wel worden uitgesteld, maar niet worden overgeslagen door de plant bij optimale kweekomstandigheden te houden. Er is sprake van een 'rustmechanisme' en van een 'hergroeimechanisme'. Er bestaat een verschil tussen aan de ene kant echte bollen en aan de andere kant knollen en wortelstokken.

Echte bollen
Voor echte bollen is de rustperiode de belangrijkste ontwikkelingsfase. In deze periode worden bij vele planten de bladeren en de bloemknop voor het volgende seizoen aangelegd. Van enkele gewassen is bekend dat reeds de bloemknop voor over twee à drie seizoenen wordt aangelegd. *Nerine bowde-*

nii is hiervan een bekend voorbeeld. Na de rustperiode zal de bloemstengel strekken en zullen de bladeren uitgroeien.

De volgorde van uitgroeien van de bladeren en het strekken van de bloemstengel kan variëren. F. Leighton (1939) concludeerde dat *Amaryllidaceae* uit Zuid-Afrika verschillen vertonen in de volgorde van uitgroeien van bloemstengel en van de bladeren. De planten in het winterregengebied verliezen de bladeren voor de bloei, terwijl bij de planten uit het zomerregengebied de bladeren en de bloeiwijze gelijktijdig uitgroeien.

In Zuid-Amerika valt de meeste regen in de wintermaanden, de zomermaanden zijn droog en warm. Bijna alle echte bollen uit Zuid-Amerika zijn zomergroeiers met een gelijktijdig uitgroeien van bladeren en bloeiwijze.

Hierna zijn de twee meest voorkomende volgorden weergegeven. De volgorde is in belangrijke mate bepalend voor de cultuurcondities.

In de eerste situatie worden de bladeren en de bloeiwijze aangelegd door dezelfde groeipunt. Hierbij bestaat een zekere mate van afhankelijkheid tussen de kweekcondities van bladeren en die van de bloeiwijze. In de tweede situ-

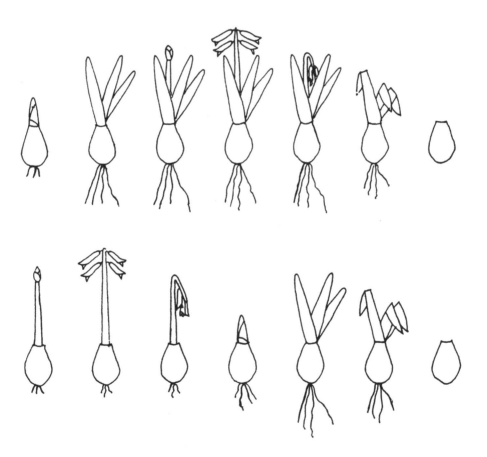

atie daarentegen kunnen de bladeren en de bloeiwijze door twee verschillende groeipunten worden gevormd en behoeft er geen of slechts een beperkte afhankelijkheid te bestaan tussen beiden en kunnen de kweekcondities voor bladeren en bloeiwijze verschillen.

Knollen en wortelstokken
Bij de meeste knollen en wortelstokken groeien eerst de bladeren of de stengel met bladeren uit. Als deze zijn uitgegroeid, verschijnt de bloeiwijze. De planten bloeien tot het begin van de rustperiode. Bekende uitzonderingen zijn *Amorphopalus* en *Sauromatum* (beide *Araceae*) die eerst bloeien. Als de bloemen zijn afgestorven, groeien de bladeren uit. Deze twee geslachten zijn zogenaamde droogbloeiers; de wortels groeien pas uit na de bloei.
Bij knollen en wortelstokken dient de rustperiode alleen voor het overleven van ongunstige perioden. In deze periode vindt er geen ontwikkeling in het groeipunt plaats. De ontwikkeling van bladeren en bloeiwijze vindt plaats aan het einde van het vorige seizoen of aan het begin van het groeiseizoen. Dit betekent dat aan de condities in de rustperiode geen hoge eisen worden gesteld.

4.3 ZOMERGROEIERS

Zomergroeiers zijn planten die groeien en bloeien in de periode tussen het begin van de lente en de herfst. Deze planten stellen geen bijzondere eisen aan de kweekcondities (watergift, temperatuur, daglengte en lichtintensiteit). Immers de condities in ons klimaat vertonen aanzienlijke overeenkomsten met het klimaat in de oorspronkelijke groeigebieden.

Bewaring
De condities in de rustperiode verdienen aandacht gelet op de directe relatie met de groei en bloei in het volgende seizoen. Dit geldt met name voor echte bollen. Een bruikbare en veilige bewaartemperatuur is een constante temperatuur tussen 10-15°C, zonder grote uitschieters naar boven en naar beneden. Een hogere temperatuur (>20°C) gedurende langere periode kan leiden tot misgroei of vergroeiing van het groeipunt. Van enkele geslachten/soorten is bekend dat de ontwikkeling van bladeren en bloemknop stopt en zelfs de hoofdknop afsterft. Bij echte bollen zullen door deze abortie van de hoofdknop de zijknoppen uitlopen en nieuwe bollen vormen. Dit gedrag komt in mindere mate voor bij wortelstokken en knollen. Te hoge temperaturen kunnen ook leiden tot het uitdrogen van de bol.
Een (te) lage temperatuur kan ertoe leiden dat de plant in een 'diepe' rust gaat. Deze rust kan niet direct worden doorbroken door de plant bij optimale kweekomstandigheden te plaatsen. Deze diepere rust kan langer duren dan

de normale duur van de rustperiode en kan tot het bijkomend effect van chilling injury of 'koude-schade' leiden. Het effect van chilling injury is verschillend. Bananen bijvoorbeeld worden in korte tijd bruin/zwart en gaan rotten. Aardappelen die geoogst zijn bij een temperatuur onder 10°C zullen blauwe plekken vertonen.

Het is raadzaam bollen met vlezige, onbeschermde (naakte) bollen te bewaren in droge turf, houtkrullen of -schaafsel of in de oude, droge grond. Dit materiaal dient als buffer tegen het verdampen van water door de plant en als buffer tegen het vocht uit de lucht dat kan leiden tot ziekten (met name schimmelaantastingen). Bollen met uitgedroogde schubben of rokken als huidlaag/beschermende laag, zoals bijvoorbeeld *Tulipa* en *Narcissus*, hebben geen extra bescherming nodig.

Een belangrijk aandachtspunt bij de bewaring is vocht of beter gesteld de relatieve luchtvochtigheid. In ons klimaat is de relatieve luchtvochtigheid in de herfst- en vroege wintermaanden, september-januari, hoog. Dit wordt veroorzaakt door de dalende buitentemperatuur. Er bestaat immers een directe relatie tussen temperatuur en relatieve luchtvochtigheid. Daalt de temperatuur dan stijgt de relatieve luchtvochtigheid tot maximaal 100%, waarbij de waterdamp condenseert. Waterdruppels kunnen op de plant of op het grondoppervlak vallen. Dit leidt tot bijna ideale omstandigheden voor schimmels om uit te groeien en zich te vermenigvuldigen. Een schimmelaantasting kan leiden tot rotten van de plant of delen ervan. Met name niet goed gedroogde of beschadigde plantedelen zijn gevoelig voor schimmelaantastingen. Een hoge relatieve luchtvochtigheid in combinatie met een temperatuur boven 20°C bevordert schimmelgroei. Derhalve dient gestreefd te worden naar een bewaartemperatuur beneden 20°C. Dit is eenvoudig realiseerbaar in een niet-verwarmde kamer of licht verwarmde kas. Bij deze lagere temperatuur is overigens ook de verdamping door de plant beperkt.

Het begin en einde van de rustperiode worden door de plant aangegeven. Het afsterven van bladeren, bloem en (een deel van de) wortels, respectievelijk het uitgroeien van blad, bloeiwijze en wortels zijn indicaties dat een nieuwe ontwikkelingsfase is gestart. De plant kent een minimale en een maximale rustduur. Bij sommige geslachten en soorten is het mogelijk de groei en bloei te vervroegen of te verlaten: dit heet forceren.

Kweektemperatuur

Het temperatuursverloop in ons klimaat is de zomergroeiers het juiste ritme voor groei, bloei en rust. Het behoeft slechts weinig bijsturing of aanpassing. In het algemeen dient de (zomer-)temperatuur niet te hoog op te lopen: maximaal 20-25°C. Te hoge temperaturen gedurende een langere periode kunnen leiden tot een ongewenste verhoogde waterverdamping door de bladeren. Deze verhoogde verdamping op zijn beurt kan leiden tot een reductie van de opslag van assimilaten in de nieuwe bol, resulterend in kleinere, niet-

bloeibare planten. Daarnaast zullen de bladeren en/of de bloemstengel vervroegd afsterven en zal de plant eerder dan normaal in rust gaan. Te lage
temperaturen daarentegen kunnen leiden tot chilling injury of tot het eerder
in rust gaan.

Licht
De hoeveelheid licht, in de zin van lichtintensiteit in combinatie met daglengte, is van belang voor de productie en opslag van assimilaten. Deze assimilaten worden in het opslagorgaan opgeslagen en dient als reservevoedsel
voor de ontwikkeling van het groeipunt en voor het uitgroeien van bloeiwijze en bladeren in het volgende seizoen.
De planten verlangen tijdens de groei en bloei een zo licht mogelijke plaats.
Licht in deze context is niet hetzelfde als direct, fel zonlicht. In onze zomermaanden planten in direct zonlicht plaatsen, leidt tot een hoge waterverdamping door de bladeren en kunnen de bladeren verbranden. Daarnaast kan in
meer extreme situaties de opslag van assimilaten voor het volgende seizoen
vertraagd worden of zelfs tot stilstand komen. Ten derde kan bij hogere temperaturen de plant vervroegd in rust gaan. Om dit alles te voorkomen is
schermen de beste oplossing.

4.4 WINTERGROEIERS

Wintergroeiers zijn planten die groeien en bloeien van de herfst tot het begin
van het voorjaar. In het algemeen zijn wintergroeiers moeilijker in cultuur
dan zomergroeiers. Bijna alle bekende wintergroeiers komen uit Zuid-
Afrika.

Bewaring
In het algemeen wordt bij wintergroeiers als temperatuur in de rustperiode
18-22°C aangehouden. Temperaturen die realiseerbaar zijn in onze zomers.
De planten dienen hierbij wel beschermd te worden tegen direct zonlicht en
hoge temperaturen (>25°C). Direct zonlicht en hoge temperaturen kunnen
leiden tot uitdrogen van de planten, tot vergroeiing van het groeipunt en se-
cundair tot abortie van het groeipunt.

Kweektemperatuur
Wintergroeiers verlangen een kweektemperatuur van 12-17°C en zijn dus
geschikt voor de licht verwarmde kas of een koele, niet-verwarmde kamer.
Bijzonder aandachtspunt in de groei- en bloeiperiode is de relatieve luchtvochtigheid in de herfst en de vroege winter. Door de dalende buitentemperatuur, stijgt de relatieve luchtvochtigheid en kan de lucht verzadigd raken
met waterdamp. Wanneer de luchtvochtigheid tot 100% stijgt, zal water-

damp condenseren. De waterdruppels kunnen op de plant of op het grondoppervlak vallen. De waterdruppels bevorderen de groei van schimmels. Als een plant is aangetast door een schimmel, dan is het moeilijk deze weer geheel schimmelvrij te krijgen. Geadviseerd wordt de plant in ieder geval apart te zetten van de andere, gezonde planten en de plant gedurende enige tijd droog te houden. De plant kan ook behandeld worden met een, chemisch, schimmelbestrijdingsmiddel of fungicide. Een mogelijkheid om de relatieve luchtvochtigheid te verlagen is door middel van het zogenaamde droogstoken. Hierbij wordt bij geopende ramen de luchttemperatuur in kamer of kas gedurende enige tijd verhoogd. De duur hiervan is afhankelijk van de grootte van de ruimte en de omvang van het vochtprobleem. Deze methode is effectief, maar wel duur.

4.5 EVERGREENS

Groenblijvende planten of evergreens zijn planten die, een deel van, de bladeren het gehele jaar houden en geen echte rustperiode kennen. Ze groeien met name in gebieden met het gehele jaar regenval, daarnaast verschillen de klimatologische omstandigheden in de verschillende seizoenen weinig van elkaar. In het kader van dit boek zijn de meest interessante gebieden zuidelijk Afrika en de tropische regenwouden rond de evenaar in Zuid-Amerika en Azië.

Evergreens hebben geen direct aan het klimaat gerelateerd groei-, bloei- en rustritme. Ze kennen geen echte rustperiode. Als evergreens op een willekeurig moment worden droog gehouden, zal een deel van de bladeren afsterven. Als de droge periode langer duurt, zullen alle bladeren afsterven. Zodra de watergift wordt hervat, zal de plant weer gaan groeien.

Hoewel aan de planten het gehele jaar water gegeven kan worden, moet aandacht worden geschonken aan de watergift in de winterperiode. In deze periode wordt de watergift meer dan in de andere seizoenen aangepast aan de weersomstandigheden. De watergift wordt bepaald door de verdamping van water door de bladeren. In de winter is de waterverdamping in het algemeen lager dan in de zomer en is minder water nodig. Als getwijfeld wordt over het al dan niet watergeven; doe het dan niet!

4.6 GROND EN BEMESTING

De planten verlangen een oppotmedium dat zowel voeding bevat als een goede structuur heeft om overtollig water direct te kunnen afvoeren. Om aan beide eisen te voldoen, kunt u gewone potgrond gebruiken waar zand doorheen is gemengd. Soms voeg ik gepofte kleikorrels toe of leg ik op de bodem van de pot een laagje kleikorrels. Een algemene verhouding zand/potgrond is moeilijk te geven, dat is een kwestie van uitproberen. Het ene geslacht verlangt een meer zanderige grond dan het andere. Te veel zand in de grond kan ertoe leiden dat deze dichtslaat en geen water meer opneemt. Daarnaast kan een (te) zanderige bodem weinig water vasthouden, wat de plant maar een kleine reserve geeft om uit te putten ter compensatie van de verdamping bij warm, zonnig weer.

De meeste bollen hebben slechts weinig extra voeding nodig. In de oorspronkelijke groeigebieden groeien de planten veelal in arme gronden. Planten die jaarlijks of iedere twee jaar worden verpot, behoeven slechts één of twee maal in een groeiseizoen te worden bijgemest.

4.7 PLANTDIEPTE

Echte bollen
Bij echte bollen bestaan vier mogelijke plantdiepten:
1. Geheel onder het grondoppervlak;
   Stelregel bij deze mogelijkheid is dat de plantdiepte 1,5 maal de hoogte van de bol is. Zodra de bladeren boven de grond zichtbaar zijn, wordt gestart met watergeven. Deze groep planten is gevoelig voor (te) vochtige grond en hiermee voor schimmels en voor rotten. Voorbeelden van planten die op deze wijze geplant worden, zijn *Dipcadi*, *Lachenalia*, *Massonia* en *Pancratium*.
2. Neus net onder of gelijk aan oppervlak;
   In deze situatie is zichtbaar wanneer de groei of bloei start en kan de verdere ontwikkeling van de plant van dichtbij worden gevolgd. Voorbeelden van planten die zo geplant worden, zijn *Eucomis* en *Nerine*.
3. Deels onder het grondoppervlak;
   De belangrijkste reden om echte bollen deels onder het grondoppervlak te planten, is dat ze op deze wijze in de natuur groeien. Deze methode wordt daarnaast met name gebruikt bij grotere, echte bollen om te voorkomen dat ze gaan rotten. Voorbeelden zijn *Crinum*, *Cyrtanthus* en *Veltheimia*.
4. Geheel boven het grondoppervlak.
   Deze plantwijze komt voor bij evergreens en bij echte bollen waarvan niet alle wortels afsterven in de rustperiode. Voorbeelden zijn *Bowiea*, *Haemanthus*, *Scadoxus* en *Schizobasis*.

Knollen en wortelstokken
In het algemeen worden stengelknollen en dicotyle knollen drie tot vijf cm onder het grondoppervlak geplant; dikkere en ronde exemplaren dieper dan de meer afplatte. Een stengelknol ontwikkelt in het groeiseizoen bovenop de knol een nieuwe knol, daarom moeten deze planten diep genoeg worden ge-

8. *Fusarium oxysporum* aantasting van bol van *Narcissus* sp. (collectie Bloembollenkeuringsdienst).

9. *Botrytis* aantasting van knol van *Gladiolus* sp. (collectie Bloembollenkeuringsdienst).

10. Bladluizen op blad van *Tulip* sp. (collectie Bloembollenkeuringsdienst).

8 | 10
9

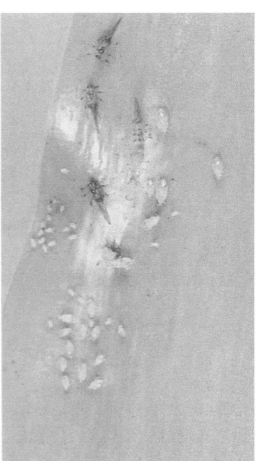
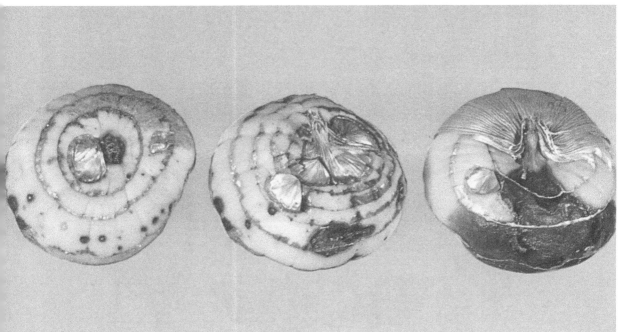

plant. Wordt de stengelknol te ondiep geplant, dan zal slechts een kleine knol worden gevormd. Wortelknollen worden in het algemeen vijf cm onder het grondoppervlak geplant. Wortelstokken worden in het algemeen net onder of op het grondoppervlak geplant.

4.8 VERMEERDERING

Vegetatieve en generatieve vermeerdering zijn de natuurlijke voortplantingsmethoden. De meest toegepaste methode is vegetatieve of ongeslachtelijke vermeerdering; de plant wordt vermeerderd door zijbollen, nieuwe knollen of uitlopers bij wortelstokken. Belangrijke voordelen van deze vermeerderingswijze zijn dat de nieuw gevormde plant identiek is aan de moederplant en dat deze binnen enkele jaren bloeit. De moeilijkheid is dat sommige planten weinig of geen zijbollen of nieuwe knollen vormen.

Generatieve vermeerdering (door middel van zaad) maakt het mogelijk om van één plant in korte tijd een groot aantal nakomelingen te verkrijgen. Nadelen van deze methode zijn de lange periode om uit zaailingen bloeiende planten te kweken (soms vijf jaar) en de mogelijkheid van ongewenste kruisbestuivingen. Daarnaast kan de zaadproductie ten koste gaan van de aanleg van het reservevoedsel door de moederplant. Soms zal een keuze gemaakt moeten worden tussen zaad, een hiermee voor meerdere nakomelingen, en de moederplant. Generatieve vermeerdering is onder andere mogelijk bij *Agapanthus*, *Albuca*, *Drimiopsis*, *Eucomis*, *Haemanthus*, *Lachenalia*, *Ornithogalum*, *Scadoxus* en *Schizobasis*.

Zaaien kan in principe gedurende het gehele jaar. De beste periode om te zaaien is de eerste helft van het groeiseizoen van een plant. Voor zomergroeiers is dit tussen april en juni en van oktober tot december voor de wintergroeiers. Als zaaitemperatuur kan de kweektemperatuur in de groeiperiode worden aangehouden; zomergroeiers 20-25°C en wintergroeiers 12-17°C. De zaailingen worden opgekweekt op een lichte plaats, maar niet in het directe zonlicht. De grond wordt vochtig gehouden, ook gedurende de eerste rustperiode. Dit om te voorkomen dat de zaailingen uitdrogen. De planten hebben een eerste groeiseizoen van bijna anderhalf jaar, in plaats van een half jaar. Grotere zaailingen zoals die van *Eucomis* en *Veltheimia* kunnen al in de eerste rustperiode droog gehouden worden. Het kan gebeuren dat niet alle, of geen van de zaden direct ontkiemen. Bewaar dan de pot met de niet-ontkiemde zaden op een droge plaats tot het volgende seizoen wanneer de grond opnieuw vochtig wordt gemaakt.

Echte bollen
Naast de twee natuurlijke vermeerderingswijzen zijn verschillende kunstmatige vermeerderingsmethoden mogelijk bij echte bollen:

11	11. Wolluis op echte bol van *Hyacinthus* sp. (collectie Bloembollenkeuringsdienst).
12	12. Virus (NLV) in bladeren van *Gladiolus* sp. (collectie Bloembollen- keuringsdienst).
13	13. Virus (CMV) in bladeren van *Dahlia* sp. (collectie Bloembollenkeuringsdienst).

1. Hollen;
   Bij deze methode wordt van grotere bollen de gehele bolbodem weggesne-
   den, waarbij ook de hoofdknop wordt verwijderd. De zijknoppen lopen uit
   en groeien uit tot bollen, daarnaast worden adventieve bollen gevormd. Deze techniek wordt in de commerciële bollenteelt toegepast bij *Hyacinthus*.

2. Snijden;
   Bij snijden worden 3 tot 4 sneden door de basale plaat gemaakt teneinde
   de hoofdknop te vernietigen. De zijknoppen zullen uitlopen en er worden
   adventieve bollen gevormd. Snijden wordt toegepast in de commerciële
   Hyacinthus-teelt.

3. Schubben;
   Een meer toegepaste en succesvolle vermeerderingstechniek is schubben.
   De rokken of schubben worden van de bolbodem losgemaakt en worden
   soms in de lengterichting in stukken gesneden. Ook worden de resten van
   de bolbodem verwijderd. Aan de zijde van de voormalige aanhechting aan
   de bolbodem worden adventieve bollen gevormd. Deze techniek wordt
   toegepast bij *Lilium*, *Nerine* en *Narcissus* en is ook mogelijk met *Bowiea*
   en *Drimia*.

4. Parteren;
   De bol wordt in meerdere parten gesneden waarbij ieder part een stukje
   bolbodem bezit. De hoofdknop wordt hierbij vernietigd. Tussen de schubben of rokken ontstaan op of vlak bij de bolbodem adventieve bollen,
   daarnaast groeien de zijknoppen uit. In vergelijking met de drie hiervoor
   beschreven methoden, krijgt u met parteren het snelst bloeibare bollen.
   Daarnaast is dit ook de meest eenvoudige vermeerderingstechniek, met
   een redelijke kans op succes. Deze techniek wordt toegepast in de *Narcissus*-cultuur en is ook mogelijk bij *Veltheimia*.

5. Bladstekken;
   Jonge, net volgroeide bladeren worden van de plant losgesneden en opgeplant met alleen de onderzijde in de grond. Op het snijvlak zullen adventieve bollen worden gevormd. Deze techniek kan met name worden toegepast bij planten met vlezige of succulente bladeren. Geslaagde
   experimenten zijn uitgevoerd met *Haemanthus albiflos*, *Hyacinthus* en
   Lachenalia.

6. In vitro;
   De in vitro vermeerdering van bolgewassen wordt op commerciële schaal
   onder andere toegepast bij *Lilium*, *Dahlia* en *Zantedeschia*. Succesvolle
   experimenten zijn uitgevoerd met *Lachenalia*. Deze techniek wordt afge-
   raden aan hobbykwekers vanwege de hoge kosten en de beperkte kans op
   succes.

Rhizomen
Rhizomen kunnen worden vermeerderd door ze in meerdere stukken te snij-

den, waarbij ieder part een zijknop of -oog heeft. Deze vermeerderingsmethode kan in principe bij alle wortelstokgewassen worden toegepast.

Dicotyle knollen

Een bekende en veel toegepaste techniek voor het vermeerderen van dicotyle knollen is het snijden in meerdere delen. De hoofdknop wordt hierbij stuk gemaakt. Opgelet dient te worden dat ieder deel een knop dient te bezitten. Let hierop bij het snijden! Deze methode kan worden toegepast bij *Begonia* en *Sinningia*. Andere meer gebruikte technieken zijn bladstekken of het stekken van stengel met bladeren.

In hoeverre bovengenoemde technieken voor de hobbykweker interessant en toepasbaar zijn, is een kwestie van experimenteren. Aan te bevelen technieken bij echte bollen zijn parteren, schubben en bladstekken. Bij parteren en schubben zijn zand, turfmolm en vermiculiet geschikte kweekmedia. Het medium wordt vochtig gemaakt, behandeld met een fungicide en in een plastic zak of pot gedaan. Het vermeerderingsmateriaal wordt in het medium gedaan. De zakken of potten worden afgesloten of afgedekt en weggezet op een donkere plaats. Zorg ervoor dat de pot of zak niet luchtdicht is, maak dus een aantal luchtgaten, anders stikken de bollen. De beste tijd voor vermeerdering is het begin van het rustseizoen. Op dat moment starten de meeste echte bollen met de aanleg van de bladeren en bloemknop voor volgend seizoen of zijn ze net gestart. Er is dus sprake van een beperkte assimilatenstroom vanuit het opslagorgaan naar het groeipunt en zijn de rokken en schubben dus nog geheel gevuld met reservevoedsel.

Voor dicotyle knollen en wortelstokken kan het snijden in verschillende delen worden aangeraden, naast het nemen van blad- of stengelstekken bij dicotyle knollen.

4.9 ZIEKTEN EN ONGEDIERTE

Schimmels

De belangrijkste belagers van bollen, knollen en wortelstokken zijn schimmels. Kenmerkend voor schimmels is dat ze door middel van sporen in de grond of op de plant overleven en dat ze groeien en vermenigvuldigen bij een hoge relatieve luchtvochtigheid in combinatie met een temperatuur boven 15°C. Veelal is de aantasting pas zichtbaar als, bijna, de gehele plant is aangetast en bestrijding veelal niet meer mogelijk is. Om verdere verspreiding van de schimmel te voorkomen, wordt geadviseerd de plant weg te gooien. Als planten slechts gedeeltelijk zijn aangetast, dan worden de besmette delen verwijderd. Daarnaast wordt de plant behandeld met een fungicide. De belangrijkste besmettingsbronnen zijn bladeren die zijn afgevallen en op de grond liggen.

Fusarium oxysporum (knolrot, bolrot) is een algemeen voorkomende schimmel. In zijn rustperiode vormt deze schimmel een groot aantal sporen die bij voldoende vocht binnen 24 uur kunnen ontkiemen. De sporen groeien pas uit bij een temperatuur boven 10°C. De optimale temperatuur voor *F. oxysporum* voor groei en ontwikkeling is 20-25°C. Het effect van aantasting is dat de basale plaat en de onderzijde van de rokken of schubben geel worden en later gaan rotten. Vergaande aantasting is zichtbaar als de plant niet groeit zoals verwacht en dat aangetaste bladeren en bloemstengel zonder weerstand uit de bol kunnen worden genomen. De kans op aantasting kan worden verkleind door planten zo droog mogelijk te kweken en door afgevallen bladeren en bloemen direct te verwijderen. Daarnaast wordt de watergift afgestemd op de temperatuur en de hoeveelheid zonlicht. Gestreefd wordt naar lage relatieve luchtvochtigheid.

Botrytis cinerea (grauwe schimmel, botrytis-rot) is evenals *Fusarium oxysporum* een algemeen voorkomende schimmel. *B. cinerea* tast met name beschadigde en verzwakte plantendelen aan. De kans op besmetting is het grootst bij een hoge relatieve luchtvochtigheid in combinatie met een temperatuur van 20-25°C. Het eerste signaal van aantasting is een plant die niet of niet goed meer groeit.

Botrytis kent diverse soorten die geslacht-specifiek zijn, zoals *B. tulipea* en *B. gladiolarum*. Deze geslacht-specifieke *Botrytis*-soorten groeien gewoonlijk op het grondoppervlak en vormen grijs gekleurde sporen. Dit ziet eruit als grijze hoopjes of plukjes. De schimmels tasten de planten het eerst aan bij de bolbodem. Het effect van aantasting is hetzelfde als die door *Fusarium oxysporum*.

Bladluizen

Bladluizen zijn met name voor zaailingen en jonge planten een bedreiging. Ze zuigen het sap uit de jonge bladeren en kunnen aanzienlijke schade aanrichten. Een zware aantasting kan zelfs leiden tot de dood van de plant. Daarnaast verspreiden bladluizen virussen. Daar bladluizen voldoende groot zijn om met het blote oog waar te nemen, is het niet moeilijk planten bladluisvrij te houden. Bij een in omvang beperkte aantasting volstaan mechanische controlemaatregelen. Meer omvangrijke aantastingen kunnen worden behandeld met een zeepoplossing. De cyclus van eitje tot volwassen luis duurt zeven tot tien dagen. Dus tien dagen na de vorige bespuiting/bestrijdingsronde wordt de plant opnieuw bespoten en wordt dit herhaald totdat alle bladluizen dood zijn.

Nematoden

Minder voorkomende dierlijke belagers zijn nematoden. Nematoden of aaltjes zijn zeer kleine rondwormen met een lengte van ongeveer 0,1 tot 5 millimeter en een doorsnede van 0,05 millimeter. Aaltjes kunnen grote schade aanrichten. Afhankelijk van het gewas en de aaltjessoort varieert de beschadiging van misvormingen van plantendelen, tot verrotten van bol, wortelstok of knol. Het gaat niet alleen om de nematodenaantasting zelf, maar kunnen ook virussen verspreiden. Het is erg moeilijk nematoden kwijt te raken. Derhalve wordt geadviseerd de aangetaste plant inclusief potgrond en pot weg te gooien.

Wolluizen

Wolluizen behoren tot het geslacht *Pseudococcus*, zijn drie tot vier mm lang, roze van kleur en zijn bedekt met een witte waslaag. Ze leven in een kluwen van witte, samengesponnen wasdraden waarin de eieren worden afgezet. Vrouwelijke wolluizen leggen in een kluwen tot 100 eitjes. Uit deze eitjes komen larven, deze zijn in tegenstelling tot volwassen dieren zeer beweeglijk. De diertjes verschuilen zich tussen bovengrondse plantendelen (bijvoorbeeld verdroogde schubben of rokken, jonge nog niet-ontvouwde bladeren of bloemknoppen) en hechten zich aan de wortels. Dit laatste doen ze met name in de rustperiode van de plant. Voorwaarde is wel dat de grond droog moet zijn. Wordt weer gestart met watergeven, dan zullen de wolluizen naar de bovengrondse plantendelen verhuizen.

Wolluizen zuigen sap uit de plantendelen. Aantasting van de plant uit zich erin dat de in de rustperiode aangetaste plant niet of zeer moeilijk uitgroeit of dat de groei in de loop van het seizoen staakt. Bij zwaardere bovengrondse aantastingen is veelal de witte wol duidelijk zichtbaar. In deze situatie wordt door mechanische bestrijding, een krachtige waterstraal of met behulp van een puntig mes, het gehele nest verwijderd. De ervaring heeft geleerd dat bij zwaardere aantastingen meerdere nesten op de plant aanwezig zijn en dat ook andere planten, die ernaast staan, aangetast kunnen zijn. Bij aantasting van de wortels, wordt de plant uit de grond genomen, de grond verwijderd en de luizen van de wortels gehaald. De grond wordt weggegooid in verband met mogelijk achtergebleven eitjes of larven. Niet alleen de luizen, eieren en de nesten moeten worden verwijderd, maar ook de eventueel aanwezige verdroogde plantendelen. Zo wordt voorkomen dat luizen, eieren of larven kunnen achterblijven. Voor chemische bestrijding zijn diverse middelen in de handel. Hierbij wil ik wel opmerken dat bolgewassen gevoelig kunnen zijn voor bepaalde middelen, hetgeen zich kan uiten in bespoten bladeren die na een korte periode afsterven tot gehele planten die afsterven.

Virussen

Virussen komen niet zomaar in planten. Ze worden onder andere overgebracht door ongedierte (onder andere aaltjes en bladluizen) en schimmels. Besmetting is ook mogelijk als gezonde planten in aanraking komen met besmette planten of delen ervan. Aantasting door een virus uit zich in vlekken in/op blad of bloem en door vergroeide bladeren of bloeiwijzen. Bestrijding van virussen is moeilijk, daarom wordt aangeraden aangetaste planten, inclusief de grond, weg te gooien.

4.10 EN DAN GROEIT OF BLOEIT DE PLANT NIET GOED

Als u vindt dat uw planten niet goed groeien of bloeien, loop dan de volgende tips eens langs (naar Herbertia, 1995).
Heeft u er aan gedacht om:
- De plant in een pot met de juiste potmaat te zetten,
- De juiste grondsamenstelling te gebruiken,
- Ze volgens het juiste schema de juiste hoeveelheid water te geven,
- Ze bloot te stellen aan de juiste hoeveelheid zonlicht (niet te veel of te weinig),
- Ze tijdig de juiste meststoffen te geven,
- Ze regelmatig na te lopen op ziektes, ongedierten en andere problemen,
- De juiste temperaturen aan te houden voor de verschillende ontwikkelings-stadia,
- De natuurlijke groeiomstandigheden zo veel mogelijk aan te houden,
- De planten die rust nodig hebben dit te geven en groenblijvende planten aan de groei te houden,
- Er literatuur op na te slaan en een boek aan te houden als handboek, mijn handboek is *Bulbs* van Roy Genders,
- De aanbevolen kweekwijze uit uw handboek over te nemen voor uw planten.

Heeft u dit allemaal gedaan en uw planten groeien en bloeien nog steeds niet naar behoren, dan zijn er diverse boeken die u van advies kunnen dienen. Ik kan de volgende boeken aanraden: *Bulbs* van Roy Genders (uitgegeven door Hale, Londen in 1973), *Growing Bulbs* (twee delen) door John. E. Bryan (in 1989 uitgegeven door Christopher Helm, Bromley), *Manual of Bulbs* door John E. Bryan en Mark Griffiths (uitgegeven door Timber Press, Portland in 1995) en *Bulbs of South Africa* van Niel du Plessis en Graham Duncan (uitgegeven door Tafelberg Publishers te Kaapstad in 1989). De laatste twee genoemde boeken geven literatuurreferenties van de in de boeken beschreven geslachten. Dit komt van pas als u een bepaald geslacht of soort nader wilt bestuderen.
'Herbertia' is het jaarlijks verschijnend tijdschrift van de International Bulb Society, Pasadena, Californië, Verenigde Staten. Dit semi-wetenschappelijk tijdschrift omvat bijdragen van diverse auteurs over alle mogelijke onderwerpen wat betreft bollen. De nadruk ligt op Amaryllidaceae. Zij die met name geïnteresseerd zijn in Zuid-Afrikaanse bolgewassen, kunnen zich wenden tot The Indigenous Bulb Growers Association of South Africa, Kaap-

stad, Zuid-Afrika. Deze vereniging verzorgt een jaarlijkse uitgave en een nieuwsbrief. Beide verenigingen bieden ook zaden van bolgewassen te koop aan.

Ook kunt u goed advies krijgen van professionele kwekers, andere liefhebbers en botanische tuinen. Schroom niet om deze mensen of instellingen te benaderen voor hulp of informatie.

HOOFDSTUK 5

Bol-, knol- en wortelstokgewassen van A tot Z

5.1 INLEIDING

In dit hoofdstuk zijn geslachten en soorten beschreven die in Noordwest-Europa in kamer of kas kunnen worden gekweekt. De planten die zijn beschreven zijn verkrijgbaar. Zij het soms alleen bij gespecialiseerde kwekers. Gekozen is voor dezelfde opzet voor elk geslacht: een introductie van het geslacht, een korte beschrijving van soorten en afsluitend kweekaanwijzingen en de kweekinformatie in de tabel en de symbolen.

5.2 HANDLEIDING BIJ DE CULTUURAANWIJZINGEN

Algemeen
De kweekaanwijzingen zijn per geslacht samengevat in een tijdtabel en in symbolen.

Tabel 1. Voorbeeld kweekaanwijzingen.

J	F	M	A	M	J	J	A	S	O	N	D
r	r	r	g	g	g/b	g/b	g/b	g	r	r	r
0	0	0	+	++	++	++	++	+	0	0	0

I

– De eerste rij van de tijdtabel duidt op de maanden van het jaar beginnend met januari.
– De tweede rij geeft de groei-, bloei- en rustcyclus van een geslacht aan en de derde rij geeft een indicatie van het bijbehorende watergeefregime.
– De symbolen onder de tijdtabel betreffen enkele groeiaspecten.

Groei-, bloei- en rustcyclus

De tabel is een indicatie, geen strakke richtlijn! De plant bepaalt zelf wanneer hij gaat groeien, bloeien en in rust gaat. Tot op zekere hoogte zijn afwijkingen mogelijk onder invloed van externe omstandigheden. Koelere condities dan normaal in de groei- en bloeiperiode, kunnen leiden tot een vertraagde ontwikkeling, groei en bloei. De ontwikkelings- en groeisnelheid van bloeiwijze en bladeren is hoger als de plant warmer dan normaal wordt gekweekt. Daarnaast zal de plant eerder in rust gaan. Elk geslacht of zelfs soort, met name bij echte bollen, kent een minimum- en een maximumrusttemperatuur. In het algemeen kan een te lage temperatuur (< 5°C) leiden tot koudeschade of het in een 'diepe' rust gaan. Een te hoge temperatuur (>25°C) kan leiden tot abortie of verdroging van het groeipunt of zelfs verdroging van de hele plant.

Watergift

De watergift is de enige kweekfactor die volledig beheersbaar is en hangt enerzijds nauw samen met externe omstandigheden zoals temperatuur en licht en anderzijds met de ontwikkelingsfase van de plant. De relaties zijn verwoord in onderstaande tabel (naar F. Noltee, 1994).

De vraag die in Tabel 3 onbeantwoord blijft, is hoeveel water gegeven kan of moet worden. Deze vraag is niet eenvoudig te beantwoorden. Wel kunnen de volgende aanwijzingen worden gegeven:
- Hoe groter en/of dunner de bladeren zijn, des te meer water de plant nodig heeft,
- Hoe groter de pot is waarin de plant staat, des te groter de kans op opslag van water in de grond en daarom is een langere periode tussen twee watergiften gewenst,
- Geef de planten bij vochtig weer vochtig (regenval of hoge luchtvochtigheid) geen water. Ze hebben minder water nodig door een lagere verdamping. Er bestaat een verhoogde kans op schimmelaantastingen,
- Laat de grond tussen twee watergeefbeurten geheel opdrogen,
- Als u twijfelt al dan niet water te geven, doe het dan niet!

Tabel 2. De in de tweede rij van de tijdtabel vermelde karakters en wat ze betekenen.

Karakter	Toelichting
r	De plant is in rust, de bovengrondse delen sterven af of zijn afgestorven en er zijn geen bovengrondse activiteiten zichtbaar
g	De bladeren groeien uit of zijn volgroeid
g/b	De plant bloeit gedurende vegetatieve fase
b	De plant bloeit voorafgaand aan of volgend op de bladeren

Andere combinaties, zoals b/g, r/b of r/g duiden erop dat in deze maand een overgang van de eerst genoemde fase naar de tweede fase kan plaatsvinden.

Tabel 3. Relaties tussen groei, bloei en rust en externe omstandigheden.

Afhankelijke relaties

Meer water	<–> Meer licht en meer warmte
Meer licht	<–> Meer water en meer warmte
Meer warmte	<–> Meer water en meer licht
Minder water	<–> Minder licht en minder water
Minder licht	<–> Minder water en minder warmte
Minder warmte	<–> Minder water en minder licht

Onafhankelijke relaties

Lage luchtvochtigheid	–> Meer water
Hoge luchtvochtigheid	–> Minder water
Rust	–> Weinig tot geen water
Bloei zonder bladeren	–> Weinig tot geen water
Start groei bladeren	–> Weinig water, langzaam meer geven
Volgroeid blad	–> Watergift afhankelijk van warmte en licht
Bloei met blad	–> Watergift afhankelijk van warmte en licht
Afsterven blad	–> Watergift verminderen

Tabel 4. De in de derde rij van de tijdtabel aangeduide karakters met toelichting.

Karakter	Toelichting
++	De grond tussen twee watergiften één à twee dagen droog houden (zomergroeiers), bij wintergroeiers kan deze periode oplopen tot zeven dagen
+	Grond tussen twee watergiften lagere tijd (zeven à tien dagen) droog houden. Bij overgang van groei naar rust de tijd tussen twee beurten in de tijd enigszins verhogen en gelijktijdig de hoeveelheid water per gift verminderen. Watergeeffrequentie verhogen en hoeveelheid verhogen indien groeiperiode volgt op rust
–	Grond wordt na watergift zo'n drie weken droog houden. Geldt voor de 'rustperiode' van groenblijvende planten en voor de rustperiode van een aantal wintergroeiers
0	De plant is in rust, derhalve grond geheel droog houden

Tabel 5. Kweekaspecten in symbolen met de bijbehorende toelichting.

Kweekaspect	Symbool	Toelichting
Moeilijkheidsgraad	I	Geschikt voor beginners
	II	Geschikt voor mensen die enige ervaring hebben met het kweken van bolgewassen in kamer of kas
	III	Geschikt voor hen die ervaring hebben met het kweken van bolgewassen in kamer of kas en een nieuwe uitdaging zoeken
Bloeitijdstip		Bloei volgend op of voorafgaand aan bladfase

Tabel 5. Vervolg.

Kweekaspect	Symbool	Toelichting
Bloeitijdstip (vervolg)		Bloei tijdens bladfase
Plantdiepte		Geheel onder het grondoppervlak
		Neus juist onder/aan oppervlak
		Deels boven de grond
		Geheel boven het grondoppervlak

5.2.1 *Achimenes*

Het geslacht *Achimenes* (*Gesneriaceae*) omvat zo'n 30 soorten en heeft zijn habitat in de tropische gebieden in Midden- en Zuid-Amerika. De naam van het geslacht is afgeleid van a-cheimaino, dat lijden van de koude betekent. De rhizomen kennen een opmerkelijke structuur: ze zijn opgebouwd uit kleine, dunne schijfjes die dicht opeenstaan op een stengel. De getande bladeren staan tegenover elkaar, hetzij paarsgewijs, hetzij in een kroon van meerdere bladeren. De bloeiwijze is alleenstaand, waarbij de bloemen alleen of in kleine groepjes in de oksels van de bladeren staan. De vijf kroonbladeren vormen een buisvormige corolla. *Achimenes* soorten zijn zomergroeiers. In de afgelopen jaren zijn nieuwe cultivars geïntroduceerd; grotere planten met grotere bloemen die langer bloeien dan de soorten. De meeste cultivars zijn afgeleid van *A. longiflora*.

A. antirrhina (syn. *A. foliosa*). Dit soort komt uit Mexico en kan een hoogte bereiken van 35 cm. De tegenoverstaande bladeren zijn ongelijk in grootte. De kleur van de bloemen varieert van oranje tot rood. De keel van de bloembuis is geel.
A. erecta (syn. *A. coccinea*, *A. pulchella*). Dit soort is inheems op Jamaica. *A. erecta* is één van de weinige *Achimenes* soorten die vertakt. De plant kan een hoogte bereiken van zo'n 45 cm. De bloemen zijn scharlaken van kleur.
A. grandiflora (syn. *A. robusta*). De bladeren van dit Mexicaanse soort zijn aan onderzijde rood gekleurd. Zoals uit de soortaanduiding al blijkt, zijn de bloemen relatief groot. Ze zijn donker-roze van kleur. De keel van de bloembuis is geel.
A. longiflora. Dit soort komt oorspronkelijk voor in Midden-Amerika en vormt lancetvormige tot langwerpige bladeren die in kransen van drie of vier

stuks aan een 60 cm lange stengel staan. De bladeren zijn aan de onderzijde rood gekleurd. De corolla kan een lengte bereiken van zes cm. De vrijstaande toppen van de kroonbladeren zijn twee cm lang. De meest voorkomende kleuren zijn violet en blauw.

In het algemeen zijn *Achimenes* soorten eenvoudig te kweken. De rhizomen lopen uit in april-mei. Als de stengel is volgroeid, begint de plant te bloeien. De planten kunnen twee tot drie maanden bloeien. Ze moeten beschermd worden tegen direct zonlicht, anders kunnen de bladeren verbranden en kan de plant eerder in rust gaan. Als de plant is uitgebloeid, wordt gestopt met watergeven. Om de rhizomen te beschermen tegen uitdroging, kunnen ze het best worden bewaard in de droge grond. De minimum bewaartemperatuur is 10°C. Aan het begin van het nieuwe groeiseizoen worden de rhizomen opgeplant in nieuwe aarde.

J	F	M	A	M	J	J	A	S	O	N	D
r	r	r	g	g	g/b	g/b	g/b	g	g	r	r
0	0	0	+	++	++	++	++	++	+	0	0

I

5.2.2 *Agapanthus*

Het geslacht *Agapanthus* (*Alliaceae*) omvat circa 10 soorten en komt oorspronkelijk voor in Zuid-Afrika. De naam van het geslacht is afgeleid van de Griekse woorden agapa, dat liefde betekent, en anthos, dat bloem betekent. Het geslacht kan worden verdeeld in twee groepen: evergreens (o.a. *A. africanus* en *A. preacox*) en bladverliezende soorten (o.a. *A. campanulatus, A. longipanthus* en *A. inapertus*). De groenblijvende soorten groeien in het winterregengebied rond Kaapstad. De bladverliezende soorten komen voor in de bergachtige gebieden in de provincies Kwazulu-Natal, Mpumalanga en Noord-Provincie, wat zomerregengebieden zijn. In het algemeen zijn de bloemen van de bladverliezende soorten kleiner dan die van de evergreens. *Agapanthus* vormt rhizomen met dikke, vlezige wortels. De tegenoverstaande bladeren zijn lancet- tot lijnvormig en kunnen 1,5 meter lang worden. De vijf tot 20 bloemen staan in een scherm. De bloemstengel is relatief lang in vergelijking met de omvang van de bloeiwijze. De bloemdekbladeren zijn gedeeltelijk vergroeid tot een bloembuis. De bloemen zijn blauw tot paars van kleur. *Agapanthus* soorten bloeien gewoonlijk in juli-augustus.

A. africanus. Dit soort is de meest bekende en de wijdst verspreide *Agapanthus* in cultuur. De plant is in 1679 geïntroduceerd in Europa. Caspar Commelin beschreef de plant in 1698 als 'Hyacinthus Africanus Tuberosus, Flore caeruleo umbellato'. Vrij vertaald betekent dit 'Afrikaanse hyacint met tuberoze wortels en blauwe, in een scherm staande bloemen'. De bloemstengel kan een lengte bereiken van één meter. De bladeren zijn donker-groen van kleur. In de winter sterft een deel van de bladeren af, meestal de oudere exemplaren. De bloemen zijn blauw. In de afgelopen jaren zijn op *A. africanus* gebaseerde hybriden geïntroduceerd. Deze hybriden hebben bloemen met andere kleuren (onder andere wit) of vormen kleinere planten (A. 'lilliput').

A. campanulatus. Dit bladverliezende soort bloeit met diep-blauwe bloemen die op een 50 cm lange bloemstengel staan. De lancetvormige bladeren staan rechtop.

A. preacox. Dit soort is een evergreen die een hoogte kan bereiken van 1,2 meter. De lancetvormige bladeren staan rechtop. Het scherm kan tot 100, blauwe bloemen omvatten.

Agapanthus soorten zijn in het algemeen eenvoudig te kweken en kunnen in de zomermaanden buiten worden gekweekt als kuipplant. Gedurende de maanden oktober tot mei staat de plant binnen. De rustperiode valt in de wintermaanden. In deze periode worden de bladverliezende soorten geheel droog gehouden. Daarentegen krijgen de evergreens in deze periode net genoeg water om de bladeren in leven te houden. De temperatuur mag zakken tot 10°C. De rhizomen worden in maart-april opnieuw opgeplant, zo'n vijf cm onder het grondoppervlak. Gedurende het groeiseizoen wordt de grond vochtig gehouden.

J	F	M	A	M	J	J	A	S	O	N	D
r	r	r	g	g	g	g/b	g/b	g/b	g	r	r
0*	0*	0*	+	++	++	++	++	++	+	0*	0*

I

* Evergreens: –

5.2.3 *Albuca*

Albuca (*Hyacinthaceae*) is een geslacht met echte bollen en komt oorspronkelijk voor op het Arabisch schiereiland en in Afrika, maar heeft als belangrijkste groeigebied Zuid-Afrika. Het geslacht omvat circa 30 soorten waarvan er slechts enkele in cultuur zijn. De naam van het geslacht is afgeleid

van albus, dat wit betekent en refereert aan de meest voorkomende bloemkleur binnen het geslacht. De bloemen staan in een scherm of in een aar. De
buitenste bloemdekbladeren staan naar buiten toe, terwijl de binnenste
exemplaren de zes meeldraden omsluiten. De echte bol is opgebouwd uit
rokken. De bladeren zijn lancetvormig, tot 1,5 meter lang en zijn in doorsnede cilindrisch. Het geslacht kent zowel zomergroeiers als wintergroeiers. *Albuca* is verwant aan *Ornithogalum.*

A. canadensis (syn. *A. minor*). Ondanks de verwarrende naam komt dit soort
uit West-Kaap. Deze wintergroeier vormt tot 90 cm lange, in doorsnede ci-
lindrische, licht-groen gekleurde bladeren. In de rustperiode sterven de bladeren af. De bloemen zijn geel-wit van kleur met een groene waas. De
bloemdekbladeren hebben aan de buitenzijde een groene streep. De bloeiperiode is februari-april. *A. canadensis* is eenvoudig te kweken.
A. humilis. Dit soort heeft zijn habitat in het Drakensberg-gebergte in
Lesotho. De plant vormt één tot drie, lijnvormige bladeren die een lengte van
15 cm bereiken. De bloemdekbladeren zijn wit en die in de buitenste krans
hebben geel gekleurde toppen. *A. humilis* is een zomergroeier.
A. nelsonii. Dit soort uit Kwazulu-Natal wordt beschouwd als de mooiste *Albuca.* De plant vormt bladeren die 1,5 meter lang en vijf cm breed worden.
De bloemen zijn wit met op de buitenzijde van de buitenste krans bloemdekbladeren een rode streep. De bloeiperiode is mei-juni. *A. nelsonii* is een zomergroeier.
A. spiralis. Dit soort komt oorspronkelijk voor in de drie Kaapprovincies. De
plant kan een hoogte van meer dan 50 cm bereiken. De bloemdekbladeren
van deze wintergroeier zijn geel-groen.

Andere interessante *Albuca* soorten zijn: *A. circinata* (verspreiding: Kwazulu-Natal; bloemen: groen, geurend; zomergroeier), *A. cooperi* (verspreiding:
de drie Kaapprovincies; bloemen: geel-groen; zomergroeier) en *A. setosa*
(syn. *A. baurii, A. pochychlamys*; verspreiding: Noord-Provincie; bloemen:
wit met groene strepen; wintergroeier).

De *Albuca* soorten die in cultuur zijn, zijn eenvoudig te kweken. In het algemeen worden de zomergroeiers gekweekt bij een temperatuur van ten hoogste
20°C. In de rustperiode worden de planten droog gehouden bij 10-20°C.

Bij de wintergroeiers wordt als temperatuur in de groeiperiode 12 tot 17°C
aangehouden. Als de planten bij een hogere temperatuur worden gekweekt,
dan zullen de bladeren spoedig na het uitgroeien afsterven. Daarnaast zal de
plant niet bloeien. Het kan gebeuren dat de bladeren opnieuw uitgroeien als
gedurende een langere periode de gewenste kweektemperatuur weer wordt
aangehouden.

Zomergroeiers

J	F	M	A	M	J	J	A	S	O	N	D
r	r	g	g	g/b	g/b	g	g	g	r	r	r
0	0	+	++	++	++	++	++	+	0	0	0

I

Wintergroeiers

J	F	M	A	M	J	J	A	S	O	N	D
g/b	g/b	g	g	r	r	r	r	r	g	g	g
++	++	++	+	0	0	0	0	0	+	++	++

II

5.2.4 *Aloe*

Het geslacht *Aloe* (*Asphodelaceae*) komt oorspronkelijk voor in Afrika, Madagascar, Arabië, de Canarische eilanden en de landen rond de Middellandse Zee. *Aloe* omvat circa 350 soorten. De planten zijn succulenten met uiteenlopende verschijningsvormen. In het algemeen zijn de bladeren succulent, langwerpig met getande randen. Bij sommige soorten staan de bladeren in een basale rozet, bij anderen staan ze aan een stengel. De bloemen staan in een aar. De bloemdekbladeren zijn tegen elkaar gegroeid en vormen zo een buisbloem, soms met teruggebogen toppen. De meest voorkomende bloemkleuren zijn groen, geel, oranje en rood. Er zijn diverse *Aloe* soorten met een bolachtige caudex. Deze caudex wordt gevormd door verdikte wortels. In de rustperiode sterven de bladeren van deze soorten af. De bekendste voorbeelden van dit type Aloe's zijn *A. inconspicua* en *A. kniphofioides*. Er zijn drie Aloe's bekend met een echte bol, te weten *A. buettneri*, *A. bullocki* en *A. richardsiae*. Alleen de laatst genoemde is in cultuur.

A. richardsiae. Deze plant komt oorspronkelijk voor in Tanzania. De geschubde bol is kogelrond en is aan de buitenkant bezet met verdroogde, bruine schubben. De langwerpige, succulente bladeren bezitten een scherpe punt en zijn aan de randen getand. Ze kunnen 25-30 lang en één cm breed worden. De bladeren bezitten geen tekening en zijn effen-groen van kleur.

De bloemen zijn oranje-scharlaken van kleur. *A. richardsiae* is een zomer-groeier.

De echte bol van *A. richardsiae* wordt in een grote pot gezet. De plant vormt namelijk makkelijk zijbollen. Daarnaast groeien de bollen relatief hard. De bladeren groeien in april-mei uit, gevolgd door de bloeiwijze in juli-augustus. Ook na de bloei vormt de plant bladeren. Vanaf medio oktober wordt de grond drooggehouden en zullen de bladeren afsterven. *Aloe richardsiae* is niet moeilijk te kweken.

J	F	M	A	M	J	J	A	S	O	N	D
r	r	r	r	g	g	g/b	g/b	g	g/r	r	r
0	0	0	0	+	++	++	++	++	+	0	0

I

5.2.5 *Amaryllis*

Het geslacht *Amaryllis* (*Amaryllidaceae*) groeit in Zuid-Afrika en kent slechts één soort: *A. belladonna*. *Amaryllis belladonna* vormt een eivormige, gerokte echte bol die een diameter van tien cm kan bereiken. De bol wordt voor de helft boven het grondoppervlak geplant. Aangeraden wordt onder in de pot een laag gepofte kleikorrels te leggen. Bijna direct na het planten in augustus zal de bloemstengel uitgroeien. De tien roze bloemen staan in een scherm. Ze zijn trechtervormig. De toppen van de bloemdekbladeren zijn naar buiten toe omgebogen. Na de bloei groeien de langwerpige bladeren uit. Deze zijn opmerkelijk kort: tot 40 cm lang. De rustperiode van de plant valt in de periode mei tot augustus. In deze periode wordt de plant in de grond op een schaduwrijke en zo koel mogelijke plek droog bewaard. De plant wordt eens in de drie tot vier jaar verpot.

J	F	M	A	M	J	J	A	S	O	N	D
g	g	g	g	r	r	r	r	b	b	g	g
++	++	++	+	0	0	0	0	–	–	++	++

II

14. *Agapanthus* 'liliput'. Foto: P. Knippels.
15. *Albuca* sp. Foto: F. Noltee.
16. *Albuca* cf. *spiralis*. Foto: F. Noltee.
17. *Aloe richardsiae*. Foto: F. Noltee.

14 | 16
15 | 17

5.2.6 *Ammocharis*

Het geslacht *Ammocharis* (*Amaryllidaceae*) omvat vijf soorten waarvan *A. coranica* en *A. tinneana* de meest bekende zijn. De naam van het geslacht is afgeleid van ammos, dat zand betekent, en charis, dat mooi betekent, verwijzend respectievelijk naar de grondsoort waarin de plant in de natuur groeit en naar de bloemen. *Ammocharis coranica* komt oorspronkelijk voor in zuidelijk Afrika, met uitzondering van West-Kaap. De bloemen staan in een scherm en variëren in kleur van roze tot paars. De bloemdekbladeren zijn aan de onderzijde vergroeid tot een bloembuis. De bloemen verschijnen in april-mei. De lancetvormige bladeren zijn 50 cm lang en groeien uit na de bloeiperiode. In hun habitat groeien de planten in graslanden, meestal in een leemachtige grond. In de rustperiode sterven de bladeren af. De eivormige echte bol groeit net onder het grondoppervlak. *Ammocharis tinneana* komt voor in Kenia. De echte bol kan een diameter van 12 cm bereiken. De bladeren staan tegenover elkaar. De bladeren verschijnen na of gelijktijdig met de bloemen. De zoet geurende bloemen zijn roze van kleur.

Beide soorten worden om de twee tot drie jaar verpot. Vaker verpotten zal ertoe leiden dat de planten minder voorspoedig groeien en bloeien. De grond moet goed waterdoorlatend zijn en bestaat voor de helft uit zand. De andere helft is potgrond. De plant wordt op een lichte, zonnige plaats gezet. De lengte van de bladeren hangt met name af van de hoeveelheid water die de plant krijgt. Als gedurende het groeiseizoen veel water wordt gegeven (in hoeveelheid en frequentie), dan zullen de bladeren langer worden dan wanneer minder water is gegeven. Als in het groeiseizoen wordt gestopt met watergeven, zullen de bladeren afsterven, maar zullen direct weer uitlopen als weer water wordt gegeven. De rustperiode begint in oktober. Als in of na oktober de watergift wordt gecontinueerd, dan zullen de bladeren niet afsterven. In de rustperiode wordt de plant geheel droog gehouden bij circa 15°C.

J	F	M	A	M	J	J	A	S	O	N	D
r	r	b	b	g	g	g	g	g	r	r	r
0	0	–	–	+	++	++	++	+	0	0	0

II

5.2.7 *Anthericum*

Anthericum is het meest bekende geslacht uit de familie der *Anthericaceae*, hoewel sommige botanici dit geslacht rekenen tot de familie der *Asphodela-*

18. *Ammocharis tinneana.* Foto: F. Noltee.
19. *Anthericum suffruticosum.* Foto: P. Knippels.
20. *Begonia* hybride. Foto: P. Knippels.
21. *Boophone disticha.* Foto: F. Noltee.

ceae. De familie der *Anthericaceae* omvat circa 33 geslachten en 600 soorten en komt voor in de meeste delen van de wereld. De familie kan worden getypeerd als kruidachtigen met een bol of een rhizoom en in een rozet staande bladeren. De bloeiwijze is gewoonlijk die van een aar. De drie kelk- en drie kroonbladeren vormen samen het bloemdek en zijn soms deels aan elkaar gegroeid, zo een bloembuis vormend. De kleur van de bloemdekbladeren loopt uiteen van wit, geel tot blauw en violet. Het geslacht *Anthericum* omvat zo'n 65 soorten en groeit in Zuid-Europa, Turkije en Afrika. Kenmerkend voor het geslacht zijn de lijnvormige bladeren en de bloemdekbladeren met drie tot zeven nerven. Een bekende vertegenwoordiger van deze familie is *A. liliago* die in Europa groeit en buiten in de tuin kan worden gekweekt. Soorten uit (sub-)tropisch Afrika kunnen binnen worden gekweekt. *Anthericum* soorten zijn zomergroeiers.

A. suffruticosum. Dit soort komt voor in bijna geheel tropisch Afrika, met name in Kenia. De plant groeit in zanderige gronden, soms op smalle rotsrichels. *A. suffruticosum* heeft rhizomen die eenvoudig uitlopers vormen. De rechtopstaande, lijnvormige bladeren zijn 20 cm lang, één cm breed en grijsgroen van kleur. De plant bloeit in augustus-september met witte bloemen met op elk bloemdekblad een groene streep. De bloemstengel is 15-30 cm lang.

Slechts een klein aantal *Anthericum* soorten dat binnen gekweekt kan worden, is in cultuur. De planten zijn eenvoudig te kweken. Ze worden in de rustperiode droog gehouden bij een temperatuur van 10-20°C. De hergroei van de bladeren begint in april, gevolgd door de bloeiwijze in juli-augustus. De soorten uit Afrika worden gekweekt in een grond waaraan relatief veel zand is toegevoegd. Aangeraden wordt de planten in een grote pot te zetten zodat de uitlopers van de rhizomen vrij kunnen uitlopen en uitgroeien.

J	F	M	A	M	J	J	A	S	O	N	D
r	r	r	g	g	g	g/b	g/b	g	g	r	r
0	0	0	+	++	++	++	++	++	+	0	0

I

5.2.8   *Babiana*

Het geslacht *Babiana* (*Iridaceae*) omvat circa 60 soorten en komt oorspronkelijk voor in tropisch en subtropisch Afrika. Het belangrijkste verspreidingsgebied is het winterregengebied in Zuid-Afrika. De planten groeien met name in kustgebieden in zanderige bodems en in andere droge regionen. De soorten van dit geslacht zijn overblijvende planten met een knol die is bedekt met een vezelige, bruine huid. De behaarde bladeren zijn zwaardvormig. De witte, gele, paarse, rode of blauwe bloemen staan in een aar en bezitten een bloembuis. *Babiana* soorten kunnen worden vermeerderd door zaad en knollen. Het geslacht omvat zowel zomergroeiers als wintergroeiers.

B. ambigua. Dit soort heeft zijn habitat in het winterregengebied in Zuid-Afrika. De bolvormige knol bereikt een diameter van 1,5 cm. De drie tot zes, lancet-lijnvormige bladeren zijn acht cm lang en één cm breed. In de korte bloeiwijze staan geurende, blauwe bloemen die een wit of geel hart hebben. *B. ambigua* is een wintergroeier.
B. nana. Dit soort uit West-Kaap wordt maar 10 cm hoog. De vijf tot zeven bladeren staan in een waaiervorm. Ze zijn zes cm lang en twee cm breed. De geurende bloemen zijn blauw-paars van kleur. Het hart van de bloemen is meestal geel of wit. *B. nana* is een wintergroeier.
B. purpurea. De bolvormige knol van dit soort uit West- en Noord-Kaap is in diameter 2,5 cm en heeft een vier tot zeven cm lange nek. De paarse bloemen geuren en bezitten een drie cm lange bloembuis. *B. purpurea* is een wintergroeier.
B. stricta. Dit soort komt voor in West-Kaap. De knol heeft een vier tot negen cm lange nek en vormt zes tot acht bladeren. Deze bladeren bereiken een lengte van 12 cm en een breedte van één cm. De blauwe bloemen staan spiraalsgewijs in de aar. *B. stricta* is een wintergroeier.

Babiana soorten worden weinig gekweekt. De wintergroeiers worden gekweekt op een warme, zonnige plek bij een minimumtemperatuur van 20°C. De knollen worden geplant in een rijke, maar goed water doorlatende grond. In de rustperiode worden de knollen bewaard in de droge grond.

J	F	M	A	M	J	J	A	S	O	N	D
g	g	g/b	g/b	r	r	r	r	r	g	g	g
++	++	++	+	0	0	0	0	0	+	++	++

II

5.2.9 *Begonia*

Het geslacht *Begonia* (*Begoniaceae*) omvat zo'n 900 soorten die groeien in subtropisch Azië, Zuid-Amerika en Afrika. Het geslacht is vernoemd naar Michel Begon, een Franse botanicus. Begonia's zijn meestal overblijvende, kruidachtige planten, soms met een tuberoze wortel: een dicotyle knol. De bladeren hebben gelobde randen. De mannelijke bloemen zijn opgebouwd uit twee buiten gelegen en twee kleinere binnen gelegen bloemdekbladeren. De vrouwelijke bloemen hebben twee tot tien bloemdekbladeren: de twee buitenste bloemdekbladeren zijn groter dan de binnenste exemplaren. De knolvormende *Begonia* soorten zijn zomergroeiers. Ze kunnen worden vermeerderd door zaad, bladstekken en door het in stukken snijden van de knol.

B. cultivars en hybriden. De eerste knolvormende *Begonia* is voor het eerst in 1690 gevonden. Vanaf de 19e eeuw worden soorten gekruisd en is een groot aantal cultivars en hybriden in cultuur gebracht.
B. josephi. Dit soort komt voor in het Himalaya-gebergte. De meestal onbehaarde bladeren zijn ovaal van vorm, zijn opgebouwd uit drie lobben of zijn meer rond van vorm. De vertakkende bloemstengel kan 30 cm lang worden. De kleine bloemen, tot 1,5 cm in doorsnede, zijn roze.
B. picta. De ovaalvormige bladeren van dit soort uit het Himalaya-gebergte worden meer dan tien cm lang en acht cm breed. De bladeren zijn groen van kleur met op de buitenzijde brons-paarse gekleurde vlekken. De geurende, roze bloemen staan op een lange bloemsteel.
B. sutherlandii. Dit soort heeft zijn habitat in zuidelijk Afrika. De plant vormt een tot 80 cm lange stengel waaraan lancetvormige bladeren staan. De randen en nerven van de bladeren zijn rood gekleurd. De oranje-rode bloemen staan in oksel- of eindstandige bijschermen.

De knollen worden in april-mei zodanig geplant, dat de knoppen boven het grondoppervlak uitkomen. De pot met hierin de knol wordt op een warme plaats gezet (> 20°C). Aan het begin van de groeiperiode wordt maar een klein beetje water gegeven. Als de plant begint te groeien, wordt de watergift verhoogd. Op één knol kunnen meerdere knoppen uitlopen. Als de plant is volgroeid, zal hij gaan bloeien. De planten bloeien tot het begin van de rustperiode. In de periode dat de plant groeit en bloeit, wordt hij op een lichte plek gezet, maar niet in het directe zonlicht. Gedurende de rustperiode, die duurt van november tot april, wordt de grond droog gehouden bij 5°C.

J	F	M	A	M	J	J	A	S	O	N	D
r	r	r	r	g	g/b	g/b	g/b	g/b	g/b	r	r
0	0	0	0	+	++	++	++	++	+	0	0

I

5.2.10 *Boophone*

Het geslacht *Boophone* (*Amaryllidaceae*) omvat twee soorten: *B. disticha* en *B. haemanthoides*. De geslachtsnaam is afgeleid van het Griekse woorden bous, dat os betekent, en phonos, dat slachting betekent. Hiermee referenend aan het feit dat beide soorten giftig zijn en dat de planten slachtoffers hebben geëist onder het vee dat ervan heeft gegeten. Onjuiste schrijfwijzen van de geslachtsnaam zijn onder andere Buphane en Buphone. De gerokte, echte bollen kunnen een diameter bereiken van 25 cm. Uit de bol groeien tegenoverstaande, lancet-lijnvormige bladeren met een lengte van 30 tot 40 cm lang en een breedte van vijf cm. Ze groeien uit tijdens of na de bloei. In het scherm kunnen zo'n 100 bloemen staan. De bloemdekbladeren zijn aan de basis vergroeid tot een buis. De toppen zijn naar buiten toe gebogen. *Boophone* is verwant aan *Brunsvigia* en *Crossyne*.

B. disticha. Dit soort groeit in het zomerregenvalgebied in zuidelijk Afrika en is sinds 1774 in cultuur. De bladeren worden 35 cm lang en vijf cm breed. De bloeiwijze met zo'n 70 roze bloemen kan een doorsnede bereiken van 30 cm. De individuele bloemen zijn 1,5 cm in diameter. De toppen van de bloemdekbladeren zijn naar buiten toe omgekruld. De meeldraden zijn oranje van kleur. *Boophone disticha* gedraagt zich in cultuur als een wintergroeier.

B. haemanthoides. Dit minder bekende *Boophone* soort heeft zijn habitat in het winterregengebied in West-Kaap. De bol wordt in doorsnede circa 30 cm. De geel-oranje bloemen staan dicht opeen in het scherm en zijn omhuld door overblijvende schutbladeren met een wasachtig uiterlijk. De grijs-groene bladeren groeien rechtop en zijn om de lengte-as gedraaid. *Boophone haemanthoides* is een wintergroeier.

De bol wordt voor de helft onder het grondoppervlak geplant. Beide *Boophone* soorten hebben een hekel aan verpotten en worden daarom maar één keer in de vijf tot zes jaar verpot. Het seizoen na het verpotten groeien de planten minder goed en veelal bloeien ze niet. Naast verpotten hebben de planten een hekel aan natte grond. De grond die gebruikt wordt, moet goed waterdoorlatend zijn en weinig water vasthouden. Derhalve wordt op de bodem van de pot een laag gepofte kleikorrels gelegd en bestaat de grond voor ongeveer de helft uit zand. De planten groeien in cultuur langzaam en bloeien zelden. Ze worden relatief warm gekweekt; in de wintermaanden wordt 15°C als minimumtemperatuur aangehouden.

J	F	M	A	M	J	J	A	S	O	N	D
g	g	r	r	r	r	r	r	b/g	g	g	g
++	+	0	0	0	0	0	0	–	+	++	++

III

5.2.11   *Bowiea*

Het geslacht *Bowiea* (*Hyacinthaceae*) omvat twee soorten en heeft zijn habitat in Zuid-Afrika, Zimbabwe, Malawi, Zambia en Tanzania. Het geslacht is vernoemd naar J. Bowie (1789-1869), een Britse plantenverzamelaar die voor Kew Gardens werkte. *Bowiea* vormt een afgeplatte, gerokte, echte bol die gewoonlijk boven het grondoppervlak groeit. De bol kan een doorsnede bereiken van 20 cm. De plant vormt een lange, klimmende, succulente stengel die sterk vertakt en geen bladeren vormt. De uiteinden van de sterk vertakte stengel lijken op bladeren. Het verschil tussen de soorten zijn de groeiperiode en de kleur en grootte van de bloemen. *Bowiea gariepensis* is een wintergroeier met relatief grote witte bloemen. *B. volubilis* is een zomergroeier met kleine, groen gekleurde bloemen.

Geen van beide soorten is moeilijk te kweken. De stengel kan een lengte van enkele meters bereiken en behoeft ondersteuning. De bollen zijn gevoelig voor rotten. Dit kan worden voorkomen door de bollen bovenop het grondoppervlak te planten. Verder moet het oppotmedium ten minste uit 50% zand bestaan en wordt pas weer water gegeven als de grond helemaal is opgedroogd. De bol van *B. volubilis* mag niet in het directe zonlicht worden gezet, met name niet aan het begin van het groeiseizoen. Dit kan namelijk leiden tot groeistoornissen: de stengel groeit niet of niet verder uit, totdat het zonlicht niet meer op de bol schijnt. Beide soorten worden vermeerderd uit zaad en uit zijbollen. In de rustperiode worden de planten geheel droog gehouden.

Bowiea gariepensis

J	F	M	A	M	J	J	A	S	O	N	D
g/b	g/b	g	r	r	r	r	r	g	g	g	g/b
++	++	+	0	0	0	0	0	+	++	++	++

II

Bowiea volubilis

J	F	M	A	M	J	J	A	S	O	N	D
r	r	r	g	g	g	g	g/b	g/b	g/r	r	r
0	0	0	+	++	++	++	++	++	0	0	0

I

5.2.12 *Brunsvigia*

Tot het geslacht *Brunsvigia* (*Amaryllidaceae*) behoren 15-20 soorten die in Zuid-Afrika groeien. De planten bezitten een grote, echte bol die een lengte van 50 cm en een diameter van 15 cm kan bereiken. De bloeiwijze is een scherm waarin zo'n 30 bloemen kunnen staan. De meest voorkomende bloemkleuren zijn rood, roze en violet. De toppen van de bloemdekbladeren zijn naar buiten toe omgebogen. De bloemen lijken op die van *Nerine*. De meeste soorten bloeien voordat de bladeren in augustus-september uitgroeien. De brede, tegenoverstaande bladeren liggen gewoonlijk op het grondoppervlak. Brunsvigia's kunnen moeilijk worden ingedeeld naar groeiseizoen en hiermee naar de zomer- of wintergroeiers.

B. gregaria. Dit soort heeft zijn habitat in Oost-Kaap. De eivormige bol heeft een doorsnede van vijf tot zeven cm en brengt twee paren bladeren voort. Deze bladeren zijn tien cm lang. De bloemen zijn roze-rood van kleur.
B. josephinae (syn. *B. gigantea*). Dit soort is de wijdst verspreide *Brunsvigia* in cultuur. Evenals *B. gregaria* komt dit soort voor in Oost-Kaap. De bladeren zijn 75 cm lang en tien cm breed. Er staan 25, roze-rode bloemen in het scherm. De bloemdekbladeren zijn circa negen cm lang.
B. orientalis (syn. *B. multiflora*). Deze zomergroeier komt voor op het Kaapschiereiland en heeft van alle Brunsvigia's de grootste bloeiwijze; 60 cm in doorsnede. De bloemen zijn rood van kleur.
B. radulosa. Dit soort heeft zijn habitat in Noord-Provincie en Mpumalanga waar de plant in rotsige graslanden groeit. *B. radulosa* verschilt van de andere *Brunsvigia* soorten; bij dit soort groeien de bladeren en de bloeiwijze gelijktijdig uit. De bloemen zijn roze van kleur en staan in een scherm dat een diameter kan bereiken van 25 cm.

Andere interessante *Brunsvigia* soorten zijn onder andere *B. appendiculata* (verspreiding: Namaqualand; bloemen: wit; bloeitijd: augustus-september), *B. marginata* (verspreiding: West- en Oost-Kaap; bloemen: scharlaken; bloeitijd: juli-augustus), *B. minor* (verspreiding: de drie Kaapprovincies; bloemen: roze; bloeitijd: juli-augustus), *B. undulata* (verspreiding: Zuid-Afrika; bloemen: rood; bloeitijd: augustus-september; in rust in de wintermaanden).

Om rotten te voorkomen, wordt de bol met de nek boven het grondoppervlak geplant. De plant wordt één keer in de vier tot vijf jaar verplant. In het algemeen bloeien de planten voordat de bladeren uitgroeien, derhalve wordt pas gestart met watergeven nadat de bladeren zijn gestart met groeien. In vergelijking met andere geslachten zijn de bladeren van de *Brunsvigia* soorten groot. Dit betekent dat de planten in de groeiperiode regelmatig water krijgen in redelijk grote hoeveelheden.

Algemene Indicatie

J	F	M	A	M	J	J	A	S	O	N	D
g	r	r	r	r	r	b	b/g	g	g	g	g
+	0	0	0	0	0	–	+	++	++	++	++

III

5.2.13 *Bulbine*

Het geslacht *Bulbine* (*Asphodelaceae*) omvat circa 25 soorten en komt voor in Zuid-Afrika en in Australië. In de afgelopen jaren is een aantal nieuwe soorten beschreven en in cultuur gebracht. Het belangrijkste groeigebied is Richtersveld; een deel van Namaqualand in Noord-Kaap. De planten bezitten vlezige, tuberoze wortels of een knol, die lancet-lijnvormige, vlezige (succulente), licht-groene bladeren voortbrengt. Deze knol is de opgezwollen wortelhals en groeit meestal boven het grondoppervlak. De bladeren zijn veelal op de bovenzijde donker-groen gestreept. De bloeiwijze is een aar. De geurende, gele bloemen zijn maar één dag open en ieder bloemdekblad bezit over de gehele lengte een groene streep. De bloemdekbladeren zijn geheel teruggebogen en raken de bloemsteel. Karakteristiek voor *Bulbine* zijn de behaarde helmdraden. Het geslacht is nauw verwant aan *Bulbinella*. Bulbine's zijn wintergroeiers. Ze kunnen worden vermeerderd uit zaad.

B. alooides. Dit soort heeft zijn habitat in de drie Kaapprovincies. De lichtgroene, succulente bladeren staan in een rozet. Dit soort lijkt op een *Aloe*; *alooides* betekent dan ook gelijkend op een *Aloe*. *B. alooides* heeft tuberoze wortels.
B. haworthioides. Dit soort komt voor in Richtersveld en vormt in november-december 30-40 bladeren. Ze groeien horizontaal liggen bijna op het grondoppervlak. Deze bladeren staan in een compacte rozet. Deze rozet geeft het beeld alsof er meerdere rozetten bovenop elkaar groeien. De soortaanduiding *haworthioides* duidt erop dat dit soort op een *Haworthia* lijkt. De randen van de lancetvormige bladeren zijn bezet met korte haren en zijn in doorsnede v-vormig. De knol groeit boven het grondoppervlak.

22. *Bowiea gariepensis.* Foto: F. Noltee.
23. *Bowiea volubilis.* Foto: P. Knippels.
24. *Bowiea volubilis.* Foto: P. Knippels.
25. Karakteristieke *Bulbine* bloemen. Foto: P. Knippels.
26. *Bulbine haworthioides.* Foto: P. Knippels.

22	23
24	
26	25

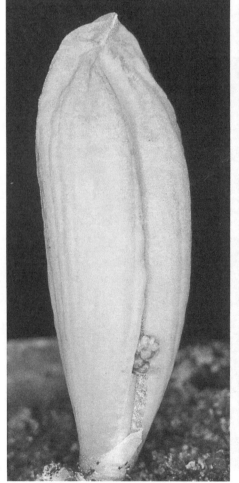

B. inae. Dit soort vormt vier of vijf, vlezige, licht-groen gekleurde bladeren die in een rozet staan. De bovenkant van de bladeren is (bijna geheel) doorzichtig en is bezet met licht-groene strepen.

B. mesembryanthoides. Dit soort groeit in Namaqualand. De plant bezit een kleine, afgeplatte knol die gewoonlijk boven het grondoppervlak groeit. Uit de knol groeien vlezige, ovaalvormige bladeren met een lengte van twee cm en een breedte van één cm. Als de plant in het begin van de groeiperiode weinig water krijgt, dan zal deze maar één of twee bladeren vormen. In doorsnede zijn deze bladeren bijna rond; de toppen van de bladeren raken elkaar bijna. Door de overblijvende ruimte zal de bloeiwijze uitgroeien. Krijgt de plant vanaf het begin van de groeiperiode meer water, dan produceert deze meerdere bladeren die in een rozet groeien. Deze bladeren zijn afgeplat en groeien bijna horizontaal. Deze vorm van *B. mesembryanthoides* lijkt op *B. alooides* en bloeit niet.

B. sedifolia. Dit soort produceert twee tot vier, rechtop groeiende, vlezige, lancet-lijnvormige bladeren. Ze zijn licht-groen van kleur en bezitten aan de bovenzijde een donker-groene streep. Aan de onderzijde zijn de toppen van de bladeren aan elkaar gegroeid en vormen zo een schede.

Andere interessante *Bulbine* soorten zijn onder andere *B. asphodeloides* (verspreiding: Kaap-schiereiland; bladeren: cilindrisch in doorsnede, 12-24 cm lang), *B. bulbosa* (verspreiding: oostelijk Australië; bladeren: vlezig, dik met schede, 30 cm lang), *B. favosa* (verspreiding: Kaap-schiereiland) en *B. lagopus* (verspreiding: gebied tussen Kaap-schiereiland en Port Elizabeth).

Bulbine's zijn relatief moeilijk te kweken. Het belangrijkste aandachtspunt ligt in de rustperiode. De knollen en tuberoze wortels zijn klein en kunnen makkelijk uitdrogen. Derhalve worden ze in de rustperiode in de grond op een schaduwrijke plaats bewaard. De grond wordt droog gehouden, wordt wel water gegeven dan kunnen de knollen en de wortels gaan rotten. Gedurende de groeiperiode, waarin ook de bloei valt, wordt als temperatuur 12-17°C aangehouden.

J	F	M	A	M	J	J	A	S	O	N	D
g/b	g/b	g/b	r	r	r	r	r	r	g	g	g
++	++	+	0	0	0	0	0	0	+	++	++

III

27
28 | 29

27. *Bulbine inae*. Foto: P. Knippels.
28. *Bulbine mesembryanthoides*. Foto: P. Knippels.
29. *Clivia miniata*. Foto: P. Knippels.

5.2.14 *Bulbinella*

Tot het geslacht *Bulbinella* (*Asphodelaceae*) behoren 22 soorten die in Zuid-Afrika (16 soorten) en in Nieuw-Zeeland (zes soorten) groeien. De Zuid-Afrikaanse soorten groeien in het winterregenvalgebied in Noord- en West-Kaap. De soorten uit Nieuw-Zeeland zijn zomergroeiers. Een verschil tussen de soorten uit de twee groeigebieden is dat de Zuid-Afrikaanse soorten een vezelige bladschede bezitten, terwijl de soorten uit Nieuw-Zeeland geen bladschede hebben. De meeste *Bulbinella* soorten hebben vlezige wortels die lijken op een rhizoom. De rechtopstaande, lancet-lijnvormige bladeren staan in een rozet. De gele, witte of oranje-rode bloemen zijn dicht op elkaar op de aar. De planten bloeien aan het einde van het groeiseizoen. *Bulbinella* is nauw verwant aan *Bulbine*. Het belangrijkste verschil tussen de twee geslachten is dat bij *Bubinella* de helmdraden onbehaard zijn, terwijl deze bij *Bulbine* behaard zijn. *Bulbinella* soorten worden weinig gekweekt, hoewel ze niet al te moeilijk te kweken zijn. De planten kunnen worden vermeerderd uit zaad.

B. caudata (syn. *B. caudi-felis*). Dit soort heeft zijn habitat in West- en Noord-Kaap. De plant produceert maximaal 11 bladeren die 75 cm lang en één cm breed kunnen worden. De opvallend kleine bloemen (één cm in doorsnede) zijn wit, geel of roze.
B. floribunda (syn. *B. robusta*, *B. setosa*). Dit soort groeit in West-Kaap en heeft lancet-lijnvormige, licht-groene bladeren. De bloemen zijn geel tot oranje.
B. hookeri. Dit soort komt voor in Nieuw-Zeeland. De lancet-lijnvormige bladeren kunnen een lengte van 50 cm bereiken. De bloemen zijn geel gekleurd.

De kweekwijze van Bulbinella's is bijna identiek aan die van het geslacht *Bulbine*. Net als bij *Bulbine* dient aandacht besteed te worden aan de rustperiode, met name het voorkomen van het uitdrogen van de wortels. Als planten worden opgekweekt uit zaad, dan worden de zaailingen pas na twee jaar verpot. Hierbij worden ze in een grote pot gezet en worden de planten een aantal jaren niet verpot. Deze periode mag oplopen tot zo'n 5 tot 7 jaar.

Zomergroeiers (Nieuw-Zeeland)

J	F	M	A	M	J	J	A	S	O	N	D
r	r	r	g	g	g	g/b	g/b	g	g/r	r	r
0	0	0	++	++	++	++	++	++	+	0	0

Wintergroeiers (Zuid-Afrika)

J	F	M	A	M	J	J	A	S	O	N	D
g/b	g/b	g/b	g	r	r	r	r	r	g	g	g
++	++	++	+	0	0	0	0	0	+	++	++

5.2.15 *Calochortus*

Het geslacht *Calochortus* (*Calochortaceae*) omvat circa 60 bolvormende soorten die hun habitat hebben in Centraal- en Noord-Amerika. De geslachtsnaam is afgeleid van de Griekse woorden kalos, dat mooi betekent, en chortos, dat gras betekent, hiermee referenend aan de bladeren en aan de bloemen. De eivormige echte bol is bedekt met een perkamentachtige huid. De stengel kan vertakken en in de oksel van de bladeren groeien soms adventieve bollen. De bladeren zijn lancet-lijnvormig. Het eerste blad dat de plant aanlegt is relatief groot in verhouding tot de andere bladeren en sterft meestal voor de bloei af. De rechtopstaande of hangende bloemen variëren in kleur van wit, geel, oranje, rood tot paars. De drie kelkbladeren zijn lancetvormig. De drie kroonbladeren zijn ovaal van vorm en zijn veelal behaard. *Calochortus* omvat zowel winter- als zomergroeiers. De planten kunnen worden vermeerderd uit zaad en door adventieve en zijbollen. Bij de onderstaande soorten groeien de bladeren in de lente uit en valt de bloeiperiode in het begin van de zomer.

C. albus. Dit soort uit het zuiden van Californië vormt een lange, tot 80 cm lange, stengel waaraan lancet- tot lijnvormige bladeren staan. De bloemen zijn wit met rood-bruine vlekken. De kelkbladeren zijn één tot 1,5 cm lang en ovaal- tot lancetvormig. De kroonbladeren worden drie cm lang en zijn meer elliptisch van vorm.
C. clavatus. Dit soort heeft zijn habitat in Zuid-Carolina. De plant vormt een tot één meter lange stengel die kan vertakken. De één tot zes, gele, klokvormige bloemen staan in een scherm.
C. macrocarpus. De stengel van dit soort is tien tot 20 cm lang. In de bladoksels groeien adventieve bollen. De één tot drie bloemen zijn geel en zijn voor het geslacht relatief groot: vijf cm in diameter. *C. macrocarpus* groeit in het westen van de Verenigde Staten.

C. splendens. Dit soort komt voor in het westen van de Verenigde Staten en vormt een vijf tot 15 cm lange stengel. De één tot zes, roze gekleurde bloemen zijn klokvormig en staan rechtop. De kelkbladeren worden 2,5 cm lang, de kroonbladeren vijf cm.
C. venustus. Dit soort heeft zijn habitat in Californië. De plant vormt een 60 cm hoge, rechtopstaande, vertakkende stengel. De bloemen variëren in kleur van wit tot roze, met paarse of rode strepen in het hart. De één tot drie bloemen staan in een scherm.

Calochortus soorten groeien in een warme, droge omgeving in goed water-doorlatende maar ook voedingsrijke gronden. De bollen worden in een diepe pot geplant en worden weinig verpot. *Calochortus* soorten worden op een lichte plaats gekweekt, maar niet in het directe zonlicht. De planten krijgen matig water in de groeiperiode. Als de bladeren geel worden en afsterven, wordt de watergift gereduceerd en later helemaal gestopt. In de rustperiode worden de planten geheel droog gehouden bij 10-15°C.

J	F	M	A	M	J	J	A	S	O	N	D
r	r	r	g	g	g	g/b	g/b	g	r	r	r
0	0	0	+	++	++	++	++	+	0	0	0

5.2.16   *Clivia*

Tot het geslacht *Clivia* (*Amaryllidaceae*) behoren vier soorten die in de Zuid-Afrikaanse provincies Kwazulu-Natal, Mpumalanga en Noord-Provincie groeien. De planten hebben primitieve, echte bollen: de verdikte onderzijden van de tegenoverstaande bladeren. De bijwortels zijn wit van kleur en sterven niet af in de 'rustperiode'. De lancetvormige, leerachtige bladeren zijn donker-groen van kleur en staan in twee rijen tegen over elkaar. De bloemen staan in een scherm. De bladeren groeien uit na de bloei. Clivia's zijn evergreens.

C. gardenii. Dit soort is vernoemd naar Kapitein Garden die de plant in 1855 in Kwazulu-Natal ontdekte. De donker-groene bladeren kunnen een lengte van 60 cm bereiken. De oranje-rode bloemdekbladeren bezitten aan de buitenzijde een groene streep. *C. gardenii* bloeit in de periode februari-april.
C. miniata. Dit soort is de wijdst verspreide *Clivia* in cultuur en heeft zijn habitat in Kwazulu-Natal. De tien tot 20 bloemen zijn oranje-rood van kleur en verschijnen in februari-april.

C. nobilis. Dit soort groeit in Noord-Provincie, Mpumalanga en Kwazulu-Natal. De bladeren zijn lancetvormig en bereiken een lengte van 40 cm. De oranje-rode bloemen hebben een geel hart. In het scherm kunnen tot 60 bloemen staan. *C. nobilis* bloeit in de periode mei-juni.

Clivia soorten zijn eenvoudig te kweken en verlangen geen bijzondere kweekcondities. De 'rustperiode' duurt van oktober tot februari. In deze periode worden de planten bijna geheel droog gehouden bij 10-15°C. In het algemeen bloeien ze in februari-april, maar er zijn mogelijkheden de plant eerder in bloei te trekken. Dit kan door de plant in het begin van de rustperiode bij 18-22°C te zetten. Als de bloeiknoppen beginnen te kleuren, wordt de temperatuur verlaagd tot 15-17°C. Anders kunnen de bloemknoppen verdrogen. Met deze methode kan de bloei vier tot zes weken worden vervroegd. Een andere methode is die waarbij de plant in september-oktober wordt verpot en een deel van de wortels wordt verwijderd. Na het verpotten wordt de plant bij 10-15°C gezet. Het verwijderen van de wortels leidt tot een stress-situatie die vergelijkbaar is met een normale 'rustperiode'. In deze periode wordt de bloeiwijze aangelegd. Ook met deze methode wordt de bloei vier tot zes weken vervroegd. In het groeiseizoen wordt de plant op een lichte plaats gekweekt. Niet in het directe zonlicht. Dat zou kunnen leiden tot het verbranden van de bladeren.

J	F	M	A	M	J	J	A	S	O	N	D
r	b	b	b/g	g	g	g	g	r	r	r	r
–	+	+	++	++	++	++	++	–	–	–	–

 I

5.2.17 *Crinum*

Het geslacht *Crinum* (*Amaryllidaceae*) omvat circa 100 soorten en heeft zijn habitat in Afrika, Madagascar, Noord- en Zuid-Amerika, Azië en Australië. Een van de groeicentra is Afrika waar 40 soorten voorkomen. Van deze 40 groeien er 21 in Zuid-Afrika. De echte bollen zijn groot, aan de onderzijde rond van vorm en ze bezitten een nek. Deze nek wordt gevormd door de onderzijden van de bladeren. De bloemen zijn trechtervormig en staan in een scherm. *Crinum* soorten bloeien in het algemeen in juli-augustus. In hun habitat groeien de planten in vochtige omgevingen en in moerasgebieden. Een uitzondering hierop vormen de Zuid-Afrikaanse Crinum's die in meer droge gebieden voorkomen. De meeste soorten zijn evergreens. In de 'rustperiode' sterft een deel van of alle bladeren af.

C. americanum. Dit soort groeit in de zuidelijke staten van de Verenigde Staten. De lancetvormige bladeren worden 90 cm lang. De vier tot zes trechtervormige bloemen zijn wit en geuren zoet.

C. asiaticum. Dit soort heeft zijn habitat in zuidelijk Azië. De bol bereikt een diameter van 15 cm en de nek een lengte van 20 cm. De bladeren worden één meter lang. De bloemdekbladeren zijn aan de buitenzijde groen-wit van kleur met een roze waas. Aan de binnenzijde zijn ze roze. De zoet geurende bloemen zijn trechtervormig en hebben naar buiten toe omgebogen toppen.

C. bulbispermum. Dit soort komt voor in Kwazulu-Natal, Mpumalanga en Noord-Provincie. De eivormige bol produceert 90 cm lange bladeren. In ons klimaat bloeit de plant in de augustus-september. In het scherm kunnen 100, zoet geurende bloemen staan. Ze zijn wit tot roze van kleur.

C. firmifolium. Madagascar is bekend door de karakteristieke flora met een groot aantal endemische geslachten. Daarnaast groeien op het eiland vertegenwoordigers van geslachten die in Afrika voorkomen: bijvoorbeeld *Aloe*, *Crinum* en *Euphorbia*. *C. firmifolium* produceert rechtopstaande, stevige, 60 cm lange bladeren. Ze zijn licht-groen van kleur en hebben naar buiten toe omgebogen toppen. In de natuur groeien de planten in de schaduw van struiken en bomen in de tropische oerwouden. In de rustperiode sterven alle bladeren af. De bol wordt vijf cm in doorsnede en heeft een relatief lange nek. De bloemen zijn wit van kleur.

C. kirkii. Dit soort groeit in oostelijk Afrika. De bol heeft een diameter van 20 cm en de nek is 15 cm lang. De 12 of meer bladeren worden 1,5 meter lang en 12 cm breed. De 12-15 bloemen hebben een groen-witte bloembuis. De rest van de bloemdekbladeren is wit van kleur. Over de buitenzijde van ieder bloemdekblad loopt over de gehele lengte een rode streep. *C. kirkii* is een zomergroeier.

C. latifolium. Dit soort komt voor in de tropische gebieden in Azië. Uit de bol, die een diameter kan bereiken van 20 cm, groeien bladeren met een lengte van 90 cm en een breedte van tien cm. De trechtervormige bloemen zijn groen-wit van kleur met een roze waas. De toppen van de bloemdekbladeren zijn naar buiten toe omgebogen.

C. moorei. Dit soort heeft zijn habitat in Kwazulu-Natal. De grote, eivormige bol bezit een lange nek. De kleur van de vijf tot acht grote bloemen varieert tussen paars en roze. De bloeitijd is juli-augustus.

C. x powelii. Dit is een kruizing tussen *C. moorei* en *C. bulbispermum*. De plant bloeit met roze, zoet geurende bloemen. De bloeiperiode is juli-september. *C. x powelii* is wijd verspreid in cultuur.

De planten hebben in het algemeen hun 'rustperiode' tussen oktober en april. In deze periode wordt de temperatuur op 10-15°C gehouden, met uitzondering voor *C. firmifolium* die de rustperiode bij 15-20°C doorbrengt. De planten krijgen pas weer water als de bladeren beginnen te groeien. De soorten die in hun habitat in vochtige omgevingen groeien, worden in cultuur minder vochtig gehouden. Anders gaan de bollen rotten. Om de kans op rotten zo klein mogelijk te houden, wordt de nek van de bol boven het grondoppervlak geplant. Het beste kunnen de planten tussen mei en september buiten gezet worden. Buiten groeien en bloeien ze beter dan wanneer ze binnen gekweekt zouden worden. De planten geven in het najaar zelf aan wanneer de rustperiode aanbreekt; de bladeren, alle of een aantal, sterven af. In de rustperiode krijgen de evergreens af en toe wat water. *Crinum* soorten hebben een hekel aan verpotten, daarom wordt aangeraden dit één maal in de vier of vijf jaar te doen. De meeste soorten zijn gevoelig voor thrips.

J	F	M	A	M	J	J	A	S	O	N	D
r	r	r	g	g	g	g/b	g/b	g/b	g	r	R
–*	–*	–*	+	++	++	++	++	++	+	–*	–*

II

* Bladverliezende soorten: 0

5.2.18 *Cyrtanthus*

Het geslacht *Cyrtanthus* (*Amaryllidaceae*) komt voor in zuidelijk Afrika en kent als belangrijkste groeigebied de zuidelijke kustregionen in Kwazulu-Natal en in West- en Oost-Kaap. De geslachtsnaam is afgeleid van kyrtos, dat (om)gebogen betekent, en anthos, dat bloem betekent, refererend aan de karakteristieke hangende, buisvormige bloemen. Het geslacht omvat circa 45 soorten die in koelere en vochtige gebieden groeien; in graslanden of in koele, rotsrichels in gebergten. *Cyrtanthus* soorten hebben een gerokte echte bol waaruit smalle bladeren groeien. De bladeren groeien uit na of tijdens de bloei. De bloemen staan in een scherm en variëren in kleur van rood, roze tot wit. Bij sommige soorten geuren de bloemen. Slechts een klein aantal soorten wordt gekweekt, waarvan *C. elatus*, beter bekend onder de oude naam *Vallota speciosa*, de meest bekende is. *Cyrtanthus* omvat bladverliezende soorten (zomer- en wintergroeiers) en evergreens.

C. angustifolius. Dit soort komt voor in Oost-Kaap. De plant bloeit voordat de bladeren uitgroeien. Op het noordelijk halfrond bloeit *C. angustifolius* in september-oktober. De buisvormige bloemen zijn oranje-rood van kleur en vijf cm lang. Het onderste deel van de bloemstengel is rood.
C. contractus. Dit soort groeit in Oost-Kaap, Kwazulu-Natal en Noord-Provincie. De smalle, grasachtige bladeren zijn 60 cm lang en groeien uit na de bloei. *C. contractus* kan in principe gedurende het gehele jaar bloeien,

maar bloeit meestal in mei-juni. De bloemdekbladeren zijn vijf cm lang en roze-rood gekleurd.

C. elatus (syn. *C. purpureus, Vallota speciosa*). Deze groenblijvende plant heeft zijn habitat in de drie Kaapprovincies. De rode bloemen staan in een scherm en kunnen een lengte bereiken van vijf cm. De bloemdekbladeren zijn aan de basis vergroeid tot een buis. *C. elatus* bloeit in onze zomermaanden.

C. falcatus. Dit soort komt voor in Kwazulu-Natal. De bloeiwijze en de bladeren groeien gelijktijdig uit. De bloemen zijn vijf cm lang. Ze zijn paars-rood van kleur met een gele waas op de buitenzijde van de bloemdekbladeren. De bloemstengel is bezet met paarse vlekken. *C. falcatus* bloeit in april-mei.

C. huttoni. Dit soort groeit in Oost-Kaap en in de noordelijke provincies van Zuid-Afrika. De bladeren worden 50 cm lang en drie cm breed. De 20 bloemen variëren in kleur van oranje tot rood. Aan de binnenzijde zijn de bloemdekbladeren geel gekleurd. De bloemen verschijnen in april-mei. Bij opening is de bloem buisvormig, later spreiden de bloemdekbladeren meer en gaat de bloem open staan.

C. mackenii. Dit soort heeft zijn habitat in Kwazulu-Natal en wordt gezien als het meest eenvoudig te kweken *Cyrtanthus* soort. De plant vormt zes, rechtopstaande bladeren die aan de basis rood zijn. Ze worden 25 cm lang en 0,5 cm breed. De witte bloemen van deze evergreen verschijnen in maart.

C. obliquus. Dit soort komt voor in de drie Kaapprovincies en in Kwazulu-Natal. De bladeren zijn 50 cm lang en drie cm breed. De bloemdekbladeren zijn aan de basis geel, verkleurend naar rood met groen-gele toppen. De plant bloeit in mei-juni. *C. obliquus* is groenblijvend.

C. spiralis. Dit soort uit de drie Kaapprovincies wordt beschouwd als één van de meest moeilijk te kweken *Cyrtanthus* soorten. Derhalve wordt de plant niet veel gekweekt. De rechtopstaande, 25 cm lange bladeren zijn lancet-lijnvormig en zijn om hun lengte-as gedraaid. De rode bloemen zijn vier tot zeven cm lang. Voor een voorspoedige groei krijgt de plant onregelmatig water, zowel in frequentie als in hoeveelheid. *C. spiralis* is een evergreen en kent geen echte rustperiode. De plant heeft twee groeiperioden: april-mei en september-november. De bloeitijd is voorafgaand aan de groeiperiode in het najaar: augustus-september. In de maanden november tot april wordt de plant gekweekt bij 15-17°C, de rest van het jaar bij 15-22°C.

Andere interessante *Cyrtanthus* soorten zijn onder andere *C. brachyscyphus* (verspreiding: zuidelijk deel van Kwazulu-Natal en Oost-Kaap; bloemen: rood; wintergroeier), *C. clavatus* (verspreiding: de drie Kaapprovincies; bloemen: zes, rood met rood-bruin of groene strepen; zomergroeier), *C. ereubescens* (verspreiding: Kwazulu-Natal; bloemen: roze; zomergroeier), *C. galpinii* (verspreiding: de noordelijke provincies van Zuid-Afrika; blade-

30. *Crinum kirkii* in habitat in Kenia. Foto: F. Noltee.
31. *Crinum × powelli*. Foto: P. Knippels.
32. *Cyrtanthus spiralis*. Foto: P. Knippels.
33. *Cyrtanthus obliquus* (uit Sertum Botanicum).

30	32
31	33

ren: meestal één blad; bloemen: één of twee; scharlaken tot roze), *C. loddi-giesianus* (verspreiding: Oost-Kaap; bloemen: wit, licht-groen aan de basis; evergreen), *C. speciosus* (verspreiding: Oost-Kaap; bloemen: wit met rode of groene strepen, groen of roze aan de basis; zomergroeier) en *C. suaveolens* (verspreiding: Oost-Kaap en Lesotho; bloemen: rood; zomergroeier).

Cyrtanthus elatus kan in de periode mei-september buiten worden gekweekt. De plant is gevoelig voor kou en is niet winterhard in ons klimaat. Derhalve wordt de plant in oktober binnen gezet. De plant overwintert bij 10-15°C. In deze periode krijgt de plant af en toe wat water. Verder stelt *C. elatus* geen bijzondere eisen.

De andere *Cyrtanthus* soorten zijn wat moeilijker te kweken. Het is mogelijk dat de plant dit jaar niet bloeit, terwijl deze vorig wel bloeide en de plant nu bij dezelfde condities wordt gekweekt. In de rustperiode krijgen de evergreens wat water, terwijl de bladverliezende soorten geheel droog worden gehouden. De temperatuur in de rustperiode is voor wintergroeiers maximaal 22°C en voor zomergroeiers 10-15°C. De temperaturen in de groeiperiode zijn respectievelijk 12-20°C en maximaal 25°C.

Zomergroeiers

J	F	M	A	M	J	J	A	S	O	N	D
r	r	r	g	g	g	g/b	g/b	g	g	r	R
0*	0*	0*	+	++	++	++	++	++	+	0*	0*

II

* Evergreens: –

Wintergroeiers

J	F	M	A	M	J	J	A	S	O	N	D
g	g/g	g/b	g	r	r	r	r	r	g	g	G
++	++	++	+	0*	0*	0*	0*	0*	+	++	++

III

* Evergreens: –

34	35
36	37
	38

34. *Drimia haworthioides*. Foto: P. Knippels.
35. *Drimiopsis maculata*. Foto: P. Knippels.
36. *Eucomis bicolor*. Foto: P. Knippels.
37. *Gethyllis spiralis* (uit Sertum Botanicum).
38. *Gladiolus equitans* in habitat. Foto: F. Noltee.

5.2.19 *Dipcadi*

Het geslacht *Dipcadi* (*Hyacinthaceae*) omvat 55 bolvormende soorten die hun habitat hebben in Zuidwest-Europa en Noord- en zuidelijk Afrika. Het belangrijkste groeigebied is Zuid-Afrika. De planten groeien veelal in de kustgebieden, met name in droge, rotsachtige bodems. De echte bol is bijna rond en lijkt op een *Hyacinthus* bol. De drie tot vijf, lancet-lijnvormige bladeren staan in een rozet. De bloemen zijn buisvormig met naar buiten toe omgebogen toppen. De bloemen staan in een aar. De kleur van de bloemen varieert tussen groen-bruin en geel-bruin. *Dipcadi* soorten zijn wintergroeiers en kunnen eenvoudig uit zaad worden vermeerderd.

D. brevifolium. Dit soort groeit in kustgebieden in Zuid-Afrika. De plant produceert drie, bijna rechtopstaande, bladeren die 35 cm lang kunnen worden. De bloemstengel kan een lengte bereiken van 50 cm. In de bloeiwijze staan acht, groen-bruin gekleurde bloemen.
D. viride. Dit soort heeft zijn habitat in het kustgebied tussen Port Elizabeth en Kwazulu-Natal. De bloemen zijn groen-bruin. De toppen van de buitenste bloemdekbladeren zijn naar buiten toe omgebogen en raken de bloemsteel. De binnenste drie bloemdekbladeren zijn aan elkaar vastgegroeid en vormen een bloembuis.

Dipcadi soorten worden weinig gekweekt. Dit kan met name worden toegeschreven aan de weinig interessante kleur van de bloemen. In het algemeen kunnen ze worden gekweekt als een 'gemiddelde' wintergroeier.

J	F	M	A	M	J	J	A	S	O	N	D
g	g/g	g/b	g	r	r	r	r	r	g	g	G
++	++	++	+	0	0	0	0	0	+	++	++

5.2.20 *Drimia*

Tot het geslacht *Drimia* (*Hyacinthaceae*) worden 15, in Zuid-Afrika voorkomende, soorten gerekend. De geslachtsnaam is afgeleid van drymis, dat bitter of bijtend betekent, refererend aan het bittere sap van de wortels dat huidirritatie kan veroorzaken. De soorten bezitten uit schubben opgebouwde echte bollen die een diameter bereiken van één tot zeven cm. De lancet-lijnvormige bladeren staan in een rozet en bij enkele soorten zijn de randen bezet met korte haren. De bladeren sterven af voordat de bloeiwijze uitgroeit. De belvormige bloemen staan in een aar. Ze zijn groen-wit van kleur.

De bloemdekbladeren zijn aan de basis tegen elkaar gegroeid, de toppen staan naar buiten toe omgebogen. Slechts een klein aantal soorten wordt gekweekt. *Drimia* is verwant aan *Bowiea* en *Rhadamanthus*. *Drimia* soorten zijn wintergroeiers.

D. elata. Dit soort groeit in de zanderige kustregio's op het Kaap-schiereiland. De twee of drie bladeren groeien uit na de bloei en zijn 40 cm lang. De 15-20 bloemen zijn wit van kleur.

D. haworthioides. Dit soort heeft zijn habitat in Zuid-Afrika. De bol heeft een opmerkelijke bouw: de vlezige schubben staan op korte 'steeltjes'. Jonge schubben staan tegen elkaar aan, terwijl oudere schubben elkaar niet meer raken. De bol groeit net onder het grondoppervlak. De vier bladeren zijn tien cm lang en één cm breed. De bladranden zijn bezet met korte haren. De bladeren groeien horizontaal en liggen bijna op het grondoppervlak. Voordat de bladeren uitgroeien, groeit de bloeiwijze in augustus-september uit. De 15-20 bloemen zijn groen-paars van kleur. De bloemen zijn urn-of belvormig met teruggebogen toppen.

D. hyacinthoides. Dit soort komt voor in Oost-Kaap. De bol kan een diameter van zeven cm bereiken. De rechtopstaande, lancet-lijnvormige bladeren staan in een rozet. De bloemdekbladeren zijn paars van kleur met witte toppen. In de aar staan zo'n 30, hangende bloemen.

D. minor (syn. *Urginea pygmaea*). Dit soort groeit op het Kaap-schiereiland. De bol is slechts één cm in doorsnede. De bladeren worden drie cm lang en de bloemen hebben een diameter van 0,5 cm. In de aar staan één tot drie bloemen.

Drimia soorten stellen eisen aan de temperatuur, licht en aan de grondsamenstelling. Door de bolopbouw worden de planten maar één keer in de drie tot vier jaar verpot. Het oppotmedium bestaat voor de helft uit zand en voor de helft uit potgrond. De planten zijn in rust tussen april en september en worden in deze periode op een schaduwrijke plaats gezet. In de groei- en bloeiperiode wordt als temperatuur 15-20°C aangehouden. Er wordt gestart met watergegeven als de bladeren uit de bol groeien. In het begin van de groeiperiode wordt weinig water gegeven, later kan de watergift in frequentie en hoeveelheid opgevoerd worden. Als in de rustperiode niet met watergeven wordt gestopt, zullen de bladeren niet afsterven.

J	F	M	A	M	J	J	A	S	O	N	D
g	g	g	r	r	r	r	b	b	g	g	G
++	++	+	0	0	0	0	0	0	+	++	++

II

5.2.21 *Drimiopsis*

Het geslacht *Drimiopsis* (*Hyacinthaceae*) omvat zeven soorten die in tropisch en zuidelijk Afrika groeien. De planten groeien in de schaduw van bomen en struiken. Karakteristiek voor het geslacht zijn de uit vlezige, groen gekleurde schubben opgebouwde echte bollen. De buitenste schubben zijn verdroogd en bruin van kleur. De bollen groeien boven het grondoppervlak. De bladeren bezitten geen of een korte bladstengel en zijn in het algemeen bezet met vlekken in diverse tinten groen of paars. De bloemen staan in een aar en zijn wit, groen of paars gekleurd. De bloemdekbladeren zijn ten hoogste één cm lang. In de rustperiode sterven de bladeren af. *Drimiopsis* soorten zijn zomergroeiers en kunnen worden vermeerderd door zijbollen en zaad. Het geslacht is verwant aan *Scilla* en *Ledebouria*.

D. maculata. Dit soort groeit in Oost-Kaap, Kwazulu-Natal en Swaziland en is op dit moment de enige *Drimiopsis* soort die wordt gekweekt. In de natuur groeien de planten op schaduwrijke plaatsen in meer vochtige gebieden. De twee tot vier, rechtopstaande tot hangende bladeren zijn pijlvormig en zijn tien tot 15 cm lang en drie tot zeven cm breed. De groen-witte bloemdekbladeren zijn 0,5 cm lang. De drie buitenste bloemdekbladeren zijn naar buiten toe omgebogen, de binnenste drie naar binnen toe.

Andere interessante, maar minder vaak gekweekte, *Drimiopsis* soorten zijn onder andere *D. atropurpurea* (verspreiding: Mpumulanga en het noordelijk deel van Kwazulu-Natal; bloemen: paars; lijkt op *D. maculata*), *D. burkei* (verspreiding: de noordelijke provincies in Zuid-Afrika, Kwazulu-Natal en Botswana; bloemdekbladeren: 0,2-0,3 cm lang, groen, wit of roze) en *D. maxima* (verspreiding: Mpumulanga, Kwazulu-Natal en Swaziland; bloemdekbladeren: 0,9 cm lang, gestreept, roze, paars, wit of bruin).

Drimiopsis soorten worden op schaduwrijke plaatsen gekweekt, bijvoorbeeld op een op het oosten gerichte vensterbank met alleen morgenzon. Als de planten aan (meer) direct zonlicht worden blootgesteld, zullen ze hun karakteristieke tekening verliezen en worden de bladeren effen-groen van kleur. Daarnaast zullen de planten niet bloeien. In de rustperiode wordt de grond geheel droog gehouden bij 10-15°C. Hogere temperaturen kunnen ertoe leiden dat de bol uitdroogt. Uit experimenten met *D. maculata* is gebleken dat als de bladsteel wordt geknakt en de twee delen aan elkaar blijven zitten, dat adventieve bollen worden gevormd op het breukvlak. Deze adventieve bollen groeien aan de bolzijde van de bladsteel.

J	F	M	A	M	J	J	A	S	O	N	D
r	r	r	g	g/b	g/b	g	g	g	g	r	R
0	0	0	+	++	++	++	++	++	+	0	0

5.2.22 *Eucharis*

Het geslacht *Eucharis* (*Amaryllidaceae*) omvat circa 30 soorten en komt met name voor in Peru en Costa Rica. *Eucharis* betekent prettig of aangenaam, refererend aan de zoet geurende bloemen. De echte bol is opgebouwd uit rokken en bezit een nek. De lancetvormige bladeren zijn effen-groen van kleur en ze glanzen. De witte bloemen lijken op die van *Narcissus* en staan in een scherm. De bloemdekbladeren zijn aan de basis aan elkaar vastgegroeid, de toppen zijn naar buiten toe omgebogen. De zes helmdraden vormen gezamenlijk een corona. *Eucharis* soorten zijn evergreens.

E. candida. De bollen van dit soort bereiken een diameter van vijf cm. In de bloeiwijze staan vijf tot tien, hangende bloemen. Ze zijn wit van kleur en hebben een diameter van acht cm.
E. x grandiflora. Een van de ouders van deze kruizing is *E. amazonica*. Deze hybride heeft zijn habitat in het Andes gebergte in Colombia en is de meest gekweekte *Eucharis*. De ronde bol kan een diameter bereiken van acht cm. *E. x grandiflora* bloeit in november-april met witte bloemen die tien cm in diameter zijn.
E. mastersii. Dit soort heeft een voor het geslacht kleine bol: vijf cm in doorsnede. In het scherm stan twee of drie, witte bloemen. Ze zijn acht cm in diameter.

De planten worden onder warme (20-25°C) en vochtige omstandigheden gekweekt. Ze worden in relatief grote potten gekweekt. De bollen worden met de neus of nek boven het grondoppervlak geplant. Ze worden eens in de twee of drie jaar verpot. De planten hebben hun 'rustperiode' in april-juni en krijgen in deze periode net genoeg water om te voorkomen dat de bladeren afsterven. In de groeiperiode, juli-maart, kan de plant meerdere bloeiwijzen na elkaar produceren. De aanleg van de bloeiwijze kan worden geïnduceerd door de plant gedurende twee tot drie weken te kweken bij 16°C. Hierbij wordt de grond droog gehouden. Na deze periode wordt weer water gegeven en wordt de temperatuur verhoogd tot 20-25°C. Dit kan meerdere keren in een groeiperiode worden herhaald.

J	F	M	A	M	J	J	A	S	O	N	D
g/b	g/b	g/b	r	r	r	g	g	g	g/b	g/b	g/b
++	++	++	–	–	–	++	++	++	++	++	++

II

5.2.23 *Eucomis*

Het geslacht *Eucomis* (*Hyacinthaceae*) omvat tien tot 15 soorten die voor-komen in tropisch en zuidelijk Afrika. Het belangrijkste verspreidingsgebied is Zuid-Afrika. *Eucomis* is het Griekse woord voor mooie haardracht, refere-rend aan de bracteeën of schutbladeren bovenop de bloeiwijze. De gerokte, echte bol is aan boven- en onderzijde afgeplat. Uit de bol groeien drie tot zes, lancetvormige bladeren die in een rozet staan. De bladeren kunnen 60 cm lang worden en bezitten een duidelijke midden- of hoofdnerf. De bloei-wijze groeit pas uit nadat de bladeren geheel zijn uitgegroeid. De bloemen staan dicht op elkaar in de aar. Met uitzondering van *E. regia* zijn alle *Eu-comis* soorten zomergroeiers. *E. regia* is een wintergroeier die in West-Kaap groeit. *Eucomis* soorten kunnen worden vermeerderd door zijbollen en zaad.

E. autumnalis (syn. *E. undulata*). Dit soort groeit in de drie Kaapprovincies en in Kwazulu-Natal. De brede, lancetvormige bladeren bezitten gegolfde randen. In de bloeiwijze staan groen-wit gekleurde bloemen. De bloeitijd is augustus-september.
E. bicolor. Dit is de wijdst verspreide *Eucomis* in cultuur. *E. bicolor* heeft zijn habitat in Kwazulu-Natal. De randen van de bladeren zijn gegolfd. De onderzijden van de bladeren, de bloemstengel en de schutbladeren op de bloeiwijze zijn bezet met bruin-paarse vlekken. De bloemdekbladeren zijn groen-wit van kleur met bruin-paarse randen. De bloemen verspreiden een onaangename geur.
E. comosa (syn. *E. punctata*). Dit soort uit Kwazulu-Natal vormt grote bla-deren met gegolfde randen. Evenals bij *E. bicolor* zijn bij *E. comosa* de bla-deren, bloemstengel en de schutbladeren bovenop de aar bezet met bruin-paarse vlekken. De witte bloemen geuren zoet.

De hiervoor beschreven *Eucomis* soorten zijn redelijk eenvoudig te kweken. De bollen worden net onder het grondoppervlak geplant. De planten kunnen buiten worden geplaatst als de buitentemperatuur hoger is dan 10°C. De bla-deren zijn in het algemeen groot en dun. Derhalve wordt de grond gedurende de groeiperiode vochtig gehouden, anders kan de plant uitdrogen. Verder is het het beste de plant niet in direct zonlicht te zetten. De bloeitijd is juli-september. De bollen worden droog bewaard bij 7-15°C.

J	F	M	A	M	J	J	A	S	O	N	D
r	r	r	r	g	g	g/b	g/b	g/b	g	r	R
0	0	0	0	+	++	++	++	++	+	0	0

I

5.2.24 *Gethyllis*

Tot het geslacht *Gethyllis* (*Amaryllidaceae*) behoren zo'n 10 soorten die in Zuid-Afrika en in het zuidelijk gedeelte van Namibië groeien. De geslachtsnaam is afgeleid van het Griekse woord gethuon, dat look of prei betekent, refererend aan de schede die de bladeren omhult. Karakteristiek voor het geslacht zijn de grote, zoet geurende vruchten. In Zuid-Afrika worden deze vruchten gegeten. De kleur van de zoet geurende bloemen kan variëren van wit tot paars. In de natuur groeien de bladeren uit na de bloeitijd én nadat de vrucht is gevormd. In cultuur zullen de bladeren uitgroeien na de bloei; gelijktijdig met de vrucht. De bladeren hebben een opmerkelijke vorm en groeiwijze. Ze zijn dun en lang, zijn aan de basis veelal bezet met paarse vlekken en zijn om hun lengte-as gedraaid. Ze worden omhuld door een schede die, evenals de bladeren, bezet is met paarse vlekken. In de rustperiode zullen de bladeren afsterven, maar vallen niet van de plant af.

G. afra. Dit soort groeit in de natuur in zanderige gronden. De bloemen zijn wit van kleur, met een paarse waas aan de bovenkant van de buitenzijden van de bloemdekbladeren. De vrucht is geel van kleur. *Gethyllis afra* vormt 12-20, rechtopstaande bladeren die in twee tegenoverstaande rijen groeien.
G. ciliaris. De bloemen van dit soort lijken op die van *G. afra*. De bloemen bezitten een bloembuis die een lengte van 20 cm kan bereiken. De vrucht is oranje gekleurd. *G. ciliaris* produceert 20 bladeren die horizontaal groeien.

Gethyllis soorten worden weinig gekweekt. Dit wordt met name veroorzaakt doordat ze moeilijk zijn te kweken. Het belangrijkste aandachtspunt is de watergift. De planten zijn gevoelig voor (te veel) water. Derhalve wordt gekozen voor een grond die weinig water kan vasthouden en die dus voor meer dan de helft uit zand bestaat. Dit medium verlaagt ook de kans op rotten van de bol. Verder wordt pas gestart met watergeven als de bladeren beginnen uit te groeien. De verdroogde bladeren worden niet van de plant verwijderd. Het verwijderen ervan kan leiden tot beschadiging van de bol en hiermee tot rotten van de bol.

J	F	M	A	M	J	J	A	S	O	N	D
r	r	r	r	g	g/b	g	g	g	g	r	R
0	0	0	0	+	++	++	++	++	+	0	0

III

5.2.25 *Gladiolus*

Het geslacht *Gladiolus* (*Iridaceae*) omvat ongeveer 300 soorten en komt voor in westelijk en Centraal-Europa, de Canarische Eilanden, westelijk Azië, Arabië, Madagascar en in zuidelijk en tropisch Afrika. Het belangrijkste groeigebied zijn vier provincies in Zuid-Afrika: Kwazulu-Natal en de drie Kaapprovincies. De geslachtsnaam is afgeleid van het Latijnse woord gladius, dat zwaard betekent, refererend aan de vorm van de bladeren. *Gladiolus* soorten hebben een stengelknol die in diameter kan variëren van 0,5 tot 8 cm. De bloemen staan in een aar. De bovenste drie bloemdekbladeren zijn groter dan de onderste drie. Aan de basis vormen de bloemdekbladeren een buis, de toppen zijn naar buiten toe omgebogen. Eerst zullen de onderste bloemen in de aar open gaan, gevolgd door die daarboven staan. Al vanaf de 19^e eeuw worden kruisingen en cultivars geproduceerd. De in de drie Kaapprovincies groeiende soorten zijn wintergroeiers en worden binnen gekweekt. De meeste soorten uit de andere gebieden zijn zomergroeiers en kunnen buiten worden gekweekt (planten: mei, rooien: eind oktober). Kenmerkend voor de wintergroeiende *Gladiolus* soorten zijn de kleine, bijna ronde knollen en de relatief kleine planten die eruit groeien.

G. cardinalis. Dit soort heeft zijn habitat in Kwazulu-Natal. In januari-februari groeien de bladeren uit. De drie tot zes, rode bloemen staan in een 60 cm lange aar. De bloeitijd is juli. *G. cardinalis* is een wintergroeier.
G. citrinus. Dit soort uit West-Kaap wordt aangeduid als een primitieve *Gladiolus*. Dit heeft te maken met de bouw van de bloemen. De gele bloemen zijn meerzijdig symmetrisch en bezitten een bloembuis. De kleinblijvende plant, tot 20 cm hoog, heeft korte, grasachtige bladeren. *G. citrinus* is een wintergroeier.
G. drococephalus. Dit soort uit Kwazulu-Natal heeft gele bloemen. De onderste drie bloemdekbladeren zijn paars gevlekt en gestreept. In de aar staan drie tot zes bloemen.
G. equitans. Deze wintergroeier heeft zijn habitat in West- en Noord-Kaap. De grijs-groen gekleurde bladeren groeien uit in december, gevolgd door één, grote, rode bloem in april-mei.
G. gracilis. Dit soort heeft zijn habitat in West- en Noord-Kaap. De bladeren van deze wintergroeier zijn gegroefd en in doorsnede bijna rond. In de bloeiwijze staan twee tot zes, rode, geurende bloemen. De bloeitijd is februari-mei.
G. macowanianus. Deze plant groeit op het Kaap-schiereiland. De knol kan een diameter bereiken van twee cm en produceert vier bladeren. De twee tot zes bloemen zijn room-wit van kleur met rode vlekken in het hart van de drie onderste bloemdekbladeren. *G. macowanianus* is een wintergroeier.
G. maculatus. Dit soort komt voor in de drie Kaapprovincies. Uit de kleine knol groeien drie tot vier bladeren. In de 60 cm lange bloemstengel staan geu-

39. *Habranthus robustus.* Foto: F. Noltee.
40. *Haemanthus albiflos.* Foto: P. Knippels.
41. Adventieve bollen op blad van *Haemanthus albiflos.* Foto: F. Noltee.
42. Afgestorven bladeren van *Haemanthus amarylloides* ssp. *toximontanus* in habitat. Foto: F. Noltee.
43. *Haemanthus amarylloides* ssp. *toximontanus.* Foto. F. Noltee.

39	40
	41
43	42

rende, roze-bruine bloemen die bezet zijn met bruine vlekken. *G. maculatus* is een wintergroeier.

De wintergroeiende *Gladiolus* soorten worden binnen gekweekt. In de groei-periode wordt als temperatuur 12-18°C aangehouden. In het algemeen zijn deze planten kleiner dan die van de zomergroeiers, dus wordt verhoudings-gewijs minder water gegeven. Verder stellen ze geen bijzondere eisen aan de kweekcondities. Een aandachtspunt vormen de zaailingen. Met name bij de wintergroeiers zijn de jonge knollen erg klein. Derhalve wordt geadviseerd de planten gedurende de eerste jaren niet te verpotten en op te kweken in de pot en grond waarin ze zijn gezaaid.

Zomergroeiers

J	F	M	A	M	J	J	A	S	O	N	D
r	r	r	r	g	g	g/b	g/b	g	g/r	r	r
0	0	0	0	+	++	++	++	++	+	0	0

II

Wintergroeiers

J	F	M	A	M	J	J	A	S	O	N	D
g	g	g	g/b	g/b	r	r	r	r	r	g	g
++	++	++	++	++	0	0	0	0	0	+	++

III

5.2.26 *Gloriosa*

Het geslacht *Gloriosa* (*Colchicaceae*) is monotypisch met als enig soort *G. superba*, dat groeit in tropisch Afrika en in India. *G. superba* werd in 1687 in Europa geïntroduceerd. Het eerste exemplaar kwam terecht in de Hortus Bo-tanicus in Amsterdam. Commelin beschreef de plant als 'Lilium Zeylanicum Superbum'. *G. superba* bezit een wortelknol. De klimplanten hebben lancet-vormige, donker-groene bladeren die eindigen in hechtranken. De stengel kan een lengte bereiken van drie meter. De solitaire bloemen staan in de oksels van de bladeren van het bovenste deel van de plant. De zes bloemdekbladeren zijn lijnvormig, aan de randen gegolfd en zijn teruggebogen en kunnen de bloemsteel raken. Door deze bouw steken de meeldraden en de stijl met de drielobbige stempel prominent naar voren. De kleur van de bloemen varieert van rood, geel tot oranje en combinaties van deze kleuren. *Gloriosa superba* is een zomergroeier die nauw verwant is aan *Sandersonia*.

Gloriosa superba vraagt veel ruimte, mede daarom wordt de plant weinig gekweekt. De knol wordt in een voedingsrijke grond in een grote pot geplant. Met watergeven wordt gestart als de scheut boven het grondoppervlak zichtbaar is. Gedurende de groeiperiode wordt de grond vochtig gehouden. Dit kan betekenen dat er op warme, zonnige dagen een aantal malen per dag water gegeven wordt. Verder wordt de plant twee of drie maal in de groeiperiode bijgemest. *G. superba* bloeit in juli-augustus. De rustperiode duurt van november tot maart. Om uitdrogen en beschadiging van de knol te voorkomen, wordt deze bewaard in de oude, droge grond. De bewaartemperatuur is 16°C.

J	F	M	A	M	J	J	A	S	O	N	D
r	r	r	g	g	g	g/b	g/b	g	g	r	r
0	0	0	+	++	++	++	++	++	+	0	0

I

5.2.27 *Habranthus*

Het geslacht *Habranthus* (*Amaryllidaceae*) omvat zo'n 30 soorten die hun habitat hebben in de gematigde klimaatzones in Zuid-Amerika. De belangrijkste groeigebieden zijn Argentinië en Uruguay. Uit de gerokte, echte bollen groeien tegenoverstaande, lijn-lancetvormige bladeren. De bloemen zijn alleenstaand. *Habranthus* soorten kunnen worden vermeerderd door zijbollen en zaad. Het geslacht is nauw verwant aan *Hippeastrum*. *Habranthus* soorten zijn zomergroeiers.

H. brachyandrus. Dit soort groeit in het zuidelijk deel van Brazilië, in Paraguay en in het noordoostelijk deel van Argentinië. In het hart zijn de bloemen paars, naar de toppen toe verkleurend naar roze. De bloeitijd is juni-juli.
H. robustus (syn. *Zephyranthes robusta*). Dit soort heeft zijn habitat in het gebied rond Buenos Aires in Argentinië. *H. robustus* bezit relatief grote, roze bloemen; de bloemdekbladeren zijn acht cm lang. De plant bloeit in de periode augustus-september.
H. tubispathus (syn. *H. andersonii*). Dit soort groeit in Chili en Argentinië en bezit tot 15 cm lange, lancet-lijnvormige bladeren. De meest voorkomende

bloemkleur is geel, minder vaak voorkomend zijn de kleuren wit en roze. De bloemen staan op een 15 cm lange bloemstengel. De bloeitijd is juni-juli.

Habranthus soorten zijn redelijk eenvoudig te kweken. In de rustperiode, die in onze wintermaanden valt, worden de plant droog gehouden bij 10-15°C. Als de grond niet droog gehouden wordt in de rustperiode, dan zullen de bladeren niet afsterven. Dit heeft een negatief effect op de groei en bloei in het volgende seizoen. De planten zullen dan niet groeien zoals verwacht en ze bloeien niet. De planten vormen eenvoudig en veel zijbollen. Derhalve wordt de plant in een relatief grote pot gezet en wordt de plant hoogtens om de drie of vier jaar verpot.

J	F	M	A	M	J	J	A	S	O	N	D
r	r	r	g	g	g	g/b	g/b	g	g	r	r
0	0	0	+	++	++	++	++	++	+	0	0

5.2.28 *Haemanthus*

Het geslacht *Haemanthus* (*Amaryllidaceae*) omvat circa 22 soorten die hun habitat hebben in Zuid-Afrika en Namibië. De geslachtsnaam is afgeleid van aima, dat rood betekent, en anthos, dat bloem betekent, hiermee refererend aan de meest voorkomende bloemkleur binnen het geslacht. De echte bollen zijn opgebouwd uit rokken. De lancet-lijnvormige bladeren staan tegen over elkaar. De vlezige, soms behaarde, bladeren bezitten vele parallelle nerven. Daarnaast zijn bij enkele soorten de onderzijde van de buitenkant van de bladeren paars gevlekt. Kenmerkend voor het geslacht is de bloeiwijze. De bloemen staan in een scherm dat is omhuld door schutbladeren. Deze schutbladeren sterven niet af tijdens of voor de bloei, zijn langer dan de bloemen en omhullen bij enkele soorten de gehele bloeiwijze. De bloemdekbladeren zijn lijnvormig en eindigen in een afgeronde top. De bloemdekbladeren zijn aan de onderzijde aan elkaar vastgegroeid en vormen een bloembuis. *Haemanthus* soorten bloeien voordat de bladeren uitgroeien. Het zijn wintergroeiers die kunnen worden vermenigvuldigd door zijbollen en zaad. Karakteristiek voor *Haemanthus* is het kiemgedrag van zaden. De zaden vormen geen blad zoals de meeste planten doen, maar vormen eerst een bol die vervolgens een blad aanlegt. Dit kiemgedrag komt ook voor bij *Scadoxus*. Met uitzondering van *H. albiflos* zijn de soorten bladverliezend. *Haemanthus* is nauw verwant aan *Scadoxus*.

H. albiflos. Dit is de meest voorkomende *Haemanthus* in cultuur. *H. albiflos* komt uit Kwazulu-Natal en Oost-Kaap. De plant vormt dikke, vlezige, donker-groene bladeren die aan de randen zijn bezet met korte haren. De 20-60, witte bloemen staan dicht opeen in het scherm. De groene bracteeën zijn langer dan de rechtopstaande bloemen. De vruchten zijn oranje van kleur. De planten bloeien in de periode november-januari. *H. albiflos* is een evergreen.

H. amarylloides (syn. *H. montanus*). Dit soort heeft zijn habitat in Vrijstaat, Kwazulu-Natal, Noordwest, Noord-Provincie en Noord- en West-Kaap. Uit de bol groeien per groeiperiode twee bladeren. Deze bladeren zijn lancet-lijnvormig en worden 15-30 cm lang en drie tot vijf cm breed. De roze bloemdekbladeren zijn aan de basis vergroeid tot een bloembuis. In het scherm kunnen zo'n 30 bloemen staan.

H. avasmontanus. Dit soort groeit in Centraal-Namibië en is hiermee de meest noordelijk groeiende *Haemanthus*. De plant vormt twee, 40 cm lange en vier cm brede bladeren. De bracteeën zijn bruin-wit van kleur. De bloemen zijn wit.

H. canaliculatus. Het verspreidingsgebied van dit soort wordt gevormd door de moerasachtige gebieden in het zuidwestelijk kustgebied nabij False Bay en Betty's Bay (West-Kaap). In de natuur groeien en bloeien de planten pas als vuren de habitat hebben platgebrand. Uit de bol groeien twee, lancet-lijnvormige bladeren. De bloemen zijn rood van kleur.

H. carneus. Dit soort groeit in Kwazulu-Natal, Vrijstaat en Oost-Kaap. *H. carneus* vormt twee of drie, behaarde bladeren die tien tot 25 cm lang en vier tot vijf cm breed worden. De teruggebogen bracteeën zijn groen-rood. De bloemdekbladeren zijn roze, wit of rood van kleur.

H. coccineus. Dit soort groeit in de bergachtige gebieden in Noord- en Oost-Kaap en in het zuiden van Namibië. De plant werd in 1603 in Nederland geïntroduceerd. Op basis van in de Hortus in Amsterdam groeiende planten beschreef Caspar Commelin de plant onder de naam 'Haemanthus africanus'. De plant vormt twee, lancet-lijnvormige bladeren die aan de onderzijde bezet zijn met roze of paarse vlekken. De bracteeën en de bloemen zijn rood.

De soorten groeien in de natuur onder verschillende condities; uiteenlopend van koele berghellingen, het vlakke Karroo landschap tot zanderige kustgebieden. In cultuur zijn de planten meer tolerant en kunnen ze onder min of meer gelijke omstandigheden worden gekweekt. Ze stellen geen bijzondere eisen aan de cultuuromstandigheden. Het enige aandachtspunt is licht. In het algemeen worden de planten op een lichte plaats gekweekt, bij voorkeur niet in het directe zonlicht. Er bestaat wat betreft de kweektemperatuur een verschil tussen *H. albiflos* en de andere soorten. *H. albiflos* wordt bij 17-20°C gekweekt, de andere soorten bij 12-18°C. Ook bij de watergift in de rustperiode kan deze tweedeling worden gemaakt. *Haemanthus albiflos* is een evergreen en krijgt in de rustperiode (juni-oktober) een beetje water. De andere soorten worden in de rustperiode droog gehouden. De planten zijn in rust in onze zomermaanden en ze worden in deze periode op een schaduwrijke plek gezet om te voorkomen dat de bollen uitdrogen. De planten worden eenmaal in de twee tot drie jaar verpot. De watergift wordt pas na de bloei gestart, of in het geval van *H. albiflos* verhoogd.

J	F	M	A	M	J	J	A	S	O	N	D
g	g	g	g	g	r	r	r	r	r	b	b
++	++	++	++	+	0*	0*	0*	0*	0*	–	–

I

* *H. albiflos*: –

5.2.29 *Hippeastrum*

Het geslacht *Hippeastrum* (*Amaryllidaceae*) omvat zo'n 70 soorten en komt voor in Centraal- en Zuid-Amerika en in het Caraibisch gebied. Het belangrijkste groeigebied is het Amazone-regenwoud in Brazilië. De geslachtsnaam is afgeleid van hippeus, dat ridder te paard betekent, en aston, dat ster betekent. Uit de gerokte, echte bollen groeien tegenoverstaande, lancet-lijnvormige, licht-groen gekleurde bladeren. De twee tot zes bloemen staan in een scherm op een relatief lange bloemstengel. De bloemen kunnen een diameter bereiken van 20 cm. In de rustperiode sterven de bladeren af. Hippeastrum omvat evergreens en wintergroeiers. De planten kunnen worden vermeerderd door zijbollen en zaad.

H. aulicum. Dit soort uit Brazilië bezit rode bloemen met een groen hart. Aan de basis zijn de bloemdekbladeren vergroeid tot een bloembuis.
H. hybriden en cultivars. De meeste hybriden en cultivars zijn gebaseerd op *H. vittatum* en *H. reginae* en de bloemen hebben de meest uiteenlopende kleuren en exotische namen, bijvoorbeeld: 'Red Lion' (rood), 'Apple Blossom' (roze met wit) en 'Lilac Wonder' (lila). De meeste van deze hybriden en cultivars worden in Nederland voortgebracht.
H. pratense. Dit soort heeft zijn habitat in Chili. In vergelijking met de andere Hippeastrum's is de bol van *H. pratense* relatief klein en zijn de bladeren kort (30 cm). In het scherm staan twee of drie rode bloemen. Het hart van de bloemen is geel van kleur.
H. reginae. Het verspreidingsgebied van dit soort omvat Zuid-Amerika, Mexico en enkele eilanden in het Caraibisch gebied. *H. reginae* is sinds 1728 in cultuur. De trechtervormige bloemen zijn rood met een wit gekleurd hart.

H. vittatum. Dit soort groeit in het Andes-gebergte in Chili en werd voor het eerst in 1769 gekweekt. *H. vittatum* is een van de meest eenvoudig te kweken *Hippeastrum* soorten. In het scherm staan zes bloemen die een diameter van 15 cm kunnen bereiken. De bloemen zijn wit, met over de gehele lengte van ieder bloemdekblad een paarse streep.

De *Hippeastrum* soorten, hybriden en cultivars bloeien in de periode januari-februari. De bol wordt jaarlijks in november-december in verse grond geplant. De bloeitijd kan worden beïnvloed door de bol eerder of later te planten. Opmerkelijk is dat de lengte van de bloemstengel gerelateerd aan het bloeitijdstip: hoe later de bloei valt, des te korter de bloemstengel is. De bladeren groeien uit na de bloeiperiode.

J	F	M	A	M	J	J	A	S	O	N	D
b	b	g	g	g	g	g	g	r	r	r	r
+	+	++	++	++	++	++	+	0*	0*	0*	0*

* Evergreens: –

5.2.30 *Homeria*

Het geslacht *Homeria* (*Iridaceae*) omvat 30 soorten en groeit in het winter-regenvalgebied in Zuid-Afrika. De geslachtsnaam is afgeleid van homero, dat ontmoeten betekent, refererend aan de aan elkaar vastgegroeide meeldraden. De planten bezitten stengelknollen die bedekt zijn met houtachtige vezels. De plant vormt in de bladoksels knollen. De bloeiwijze groeit uit als de bladeren zijn uitgegroeid. De bloemen staan in een aar. Aan de bloemstengel staan twee korte schutbladeren. De toppen van de bloemdekbladeren zijn naar buiten toe omgebogen. De binnenste drie bloemdekbladeren zijn kleiner dan de buitenste drie. *Homeria* is nauw verwant aan *Moraea*. *Homeria* soorten zijn wintergroeiers.

H. bulbillifera. Dit soort komt voor in de drie Kaapprovincies waar het groeit op berghellingen. De kleine stengelknollen zijn bedekt met korte houtachtige vezels. De plant kan een hoogte van 40 cm bereiken. De zoet geurende bloemen zijn crèmekleurig tot roze.
H. collina. Dit soort uit West-Kaap kan een hoogte van 50 cm bereiken. De bloemen zijn donker-oranje van kleur en zijn bedekt met paarse vlekken. In de aar staan drie of vier bloemen.

H. miniata. Dit soort groeit op berghellingen in West-Kaap. De zoet geurende bloemen zijn roze van kleur met een geel hart.

H. pendula. Dit soort heeft zijn habitat in het gebied rond Kamiesberg in Namaqualand. De teruggebogen bloemdekbladeren zijn geel van kleur. De meeldraden zijn rood.

De knollen worden in september-oktober geplant, waarbij als plantdiepte 1,5 tot vijf maal de hoogte van de knol wordt aangehouden. De planten bloeien in maart-mei. *Homeria* soorten zijn eenvoudig te kweken en kunnen als een 'gemiddelde' wintergroeier worden gekweekt.

J	F	M	A	M	J	J	A	S	O	N	D
g	g	g/b	g/b	g/b	g	r	r	r	r	g	g
++	++	++	++	++	+	0	0	0	0	+	++

5.2.31 *Lachenalia*

Tot het geslacht *Lachenalia* (*Hyacinthaceae*) worden zo'n 100 soorten gerekend. Het geslacht is vernoemd naar de Zwitserse botanicus Werner de la Chenal (1736-1800). Het verspreidingsgebied van *Lachenalia* is het winterregenvalgebied in Zuid-Afrika en Namibië, met de nadruk op Noord- en West-Kaap. Slechts enkele soorten groeien in het Zuid-Afrikaanse deel van het zomerregenvalgebied. De uit rokken opgebouwde echte bol is bedekt met één of meerdere verdroogde rokken. Deze huid beschermt de bol tegen uitdrogen. De binnenste rokken van de bol hebben een bladachtige bouw en beschermen het groeipunt. De buitenste rokken fungeren als opslagorgaan voor reservevoedsel. De bollen variëren in diameter van 0,5 tot 3,5 cm. De meeste soorten produceren twee bladeren, met een onderlinge grote verscheidenheid in kleur, tekening en vorm. De kleur van de bladeren varieert van groen tot paars, met een bijbehorende diversiteit wat betreft tekening. Bij sommige soorten zijn de bladeren behaard of kennen ze een 'wrattig' uiterlijk. De bloemen staan in een aar. Enkele soorten bezitten geurende bloemen. De binnenste drie bloemdekbladeren zijn gewoonlijk langer dan de buitenste drie. De bloemen zijn buis- tot trechtervormig, met teruggebogen toppen van de bloemdekbladeren. De meeste *Lachenalia* soorten zijn wintergroeiers die bloeien tussen januari en maart. De planten kunnen eenvoudig worden vermeerderd door zaad en zijbollen. Het geslacht *Lachenalia* is nauw verwant aan *Polyxena*.

L. aloides. Dit soort is de meest gekweekte *Lachenalia*. De plant komt uit West- en Noord-Kaap. De bladeren, twee stuks, zijn lancetvormig en zijn effen-groen van kleur. De buitenste bloemdekbladeren zijn roze-paars, aan de toppen verkleurend naar geel. De binnenste bloemdekbladeren zijn groen. In sommige boeken wordt geopperd dat *L. aloides* en *L. unicolor* synoniem zijn.

L. contaminata. Dit soort heeft zijn habitat in het zuidwestelijk deel van West-Kaap. De plant produceert een groot aantal bladeren. De rechtopstaande bladeren zijn lijnvormig. De bloemen staan dicht op elkaar in de aar en zijn wit van kleur met op elk bloemdekblad een paarse streep.

L. liiiflora. Dit soort groeit op berghellingen in het zuidwestelijk deel van West-Kaap. De plant brengt twee groene bladeren voort, die aan de bovenzijde een 'wrattig' uiterlijk hebben. De bloemen zijn trechtervormig. De buitenste bloemdekbladeren zijn wit, de binnenste bloemdekbladeren zijn wit met rode toppen. *L. liiiflora* bloeit in februari-maart. Dit soort is redelijk eenvoudig te kweken.

L. mathewsii. Dit soort groeit aan de kust in het westen van West-Kaap en is vernoemd naar J.W. Mathews, de eerste directeur van de Botanische Tuin in Kirstenbosch. De plant produceert twee, effen-groene bladeren die lancet-lijnvormig zijn. De bloemdekbladeren zijn geel met groene vlekken. De bloeitijd is februari-maart. Dit soort is niet moeilijk te kweken.

L. mediana. *Lachenalia mediana* is een variabel soort en omvat twee variëteiten: var. *mediana* en var. *rogersi.* Beide variëteiten groeien in West-Kaap. *L. mediana* var. *mediana* vormt twee lancetvormige bladeren. De buitenste bloemdekbladeren zijn blauw, in het hart verkleurend naar wit, groen of paars. De binnenste bloemdekbladeren zijn wit met groene of paarse toppen. *L. mediana* var. *rogersi* produceert één blad. De bloemen van deze variëteit zijn blauw-paars.

L. namaquensis. Dit soort groeit in Namaqualand, meer precies in de districten Steinkopf, Springbok en Richtersveld. De habitat wordt gekenmerkt door rotsige bodems. Karakteristiek voor de soort is dat de bol stolonen vormt. Aan het einde van stolonen groeien bollen uit. De plant vormt één of twee, lancetvormige, effen-groene bladeren. De buitenste bloemdekbladeren zijn in het hart blauw, naar de toppen toe verkleurend naar rood. De twee boven gelegen, binnenste bloemdekbladeren zijn wit met rode toppen, het beneden gelegen bloemdekblad is rood.

L. pustulata. Dit soort groeit in het zuidwesten van West-Kaap. De bladeren, meestal twee stuks, zijn lancetvormig. De bovenzijde van de bladeren heeft een 'wrattig' uiterlijk. De buitenste bloemdekbladeren zijn crèmekleuring, geel, paars of blauw . De binnenste bloemdekbladeren zijn paars of bruin.

L. unicolor. Dit soort heeft zijn habitat in het zuidwesten van West-Kaap, met uitzondering van het Kaap-schiereiland. De bladeren, meestal twee stuks, zijn lancetvormig en zijn groen tot rood van kleur. De bovenzijde van de bladeren heeft een 'wrattig' uiterlijk. De bloemdekbladeren zijn wit, roze, blauw of paars. De bloeitijd is maart-april. *L. unicolor* is één van de meest eenvoudig te kweken Lachenalia's.

L. violacea. *Lachenalia violacea* is een variabel soort dat groeit in het westelijk deel van West- en Noord-Kaap. Dit soort omvat twee variëteiten. *L. violacea* var. *violacea* produceert één of twee bladeren die in kleur en tekening kan variëren. Bij sommige planten zijn de bladeren effen-groen van kleur zonder tekening, terwijl bij andere planten één blad wordt gevormd dat een duidelijk tekening bezit en aan de randen gegolfd is. De buitenste bloemdekbladeren zijn in het hart grijs-blauw van kleur, naar de toppen toe veranderd in rood of paars. De binnenste bloemdekbladeren zijn rood of paars. De bloemen geuren. *L. violacea* var. *glauca* produceert één, lancetvormig blad. De buitenste bloemdekbladeren zijn grijs-blauw naar de toppen toe verkleurend naar rood, de binnenste bloemdekbladeren zijn rood.

Andere interessante, maar minder gekweekte, soorten zijn onder andere *L. comptonii* (verspreiding: zuidwesten van West-Kaap; bladeren: één of twee, lancetvormig, donker-groen, meestal op de bovenzijde bedekt met lange haren; bloeiwijze: geurende, witte bloemen, paarse meeldraden), *L. namibiensis* (verspreiding: zuidwest-Namibië; bol: bedekt met verdroogde, bruin-zwarte rokken; bladeren: één of twee, zonder tekening; bloemen: wit), *L. orchioides* (twee variëteiten; var. *orchioides* en var. *glaucina*; verspreiding: Kaap-schiereiland en het verdere zuidwesten van West-Kaap; bladeren: één of twee, lancetvormig, onbehaard, bruine vlekken op de bovenzijde; bloeiwijze: zoet geurende bloemen, blauw, groen en crèmekleurig-geel), *L. orthopetala* (verspreiding: zuidwesten van West-Kaap; bladeren; lijnvormig, met op de bovenzijde een inkeping, groene of bruine vlekken; bloeiwijze: rode bloemsteel, wit met rode toppen).

De hiervoor beschreven *Lachenalia's* zijn de meest eenvoudig te kweken soorten. Van de kweekcondities in de groeiperiode vraagt de temperatuur aandacht. Bijna alle soorten zijn wintergroeiers die gekweekt worden bij 12-17°C. Als *Lachenalia* soorten bij een hogere temperatuur worden gekweekt (boven 18-20°C), dan zal de plant lange, slappe bladeren zonder tekening voortbrengen. Verder zullen de planten niet bloeien en zullen ze eerder dan normaal in rust gaan. De planten kunnen beter 'te koud' dan 'te warm' worden gekweekt. De bladeren groeien uit in oktober-november, gevolgd door de bloeiwijze in januari-februari. *Lachenalia* soorten zijn gevoelig voor *Fusarium*. De schimmel tast de bol aan bij de basale plaat en bij de wortels. Om aantasting te voorkomen worden Lachenalia's droog gekweekt, dat wil zeggen de plant krijgt pas weer water als de grond geheel droog is.

J	F	M	A	M	J	J	A	S	O	N	D
g/b	g/b	g/b	g	r	r	r	r	r	g	g	g
++	++	++	+	0	0	0	0	0	+	++	++

III

5.2.32 *Lapeirousia*

Het geslacht *Lapeirousia* (*Iridaceae*) omvat circa 40 soorten en groeit in tropisch en zuidelijk Afrika. Het geslacht is vernoemd naar de Franse botanicus Phillipe de la Peirouse. De kleine stengelknollen zijn aan de onderzijde afgeplant en zijn bedekt met houtachtige vezels. De meeste soorten vormen kleine planten. De stervormige bloemen staan in een aar. De bloemdekbladeren zijn aan de basis aan elkaar vastgegroeid en vormen een bloembuis. De meeldraden staan op de rand van de bloembuis. *Lapeirousia* is nauw verwant aan *Ixia*. *Lapeirousia* omvat zowel zomergroeiers als wintergroeiers. De planten kunnen eenvoudig worden vermeerderd uit zaad.

L. anceps. Dit soort groeit in het winterregengebied in Zuid-Afrika. De plant vormt een 30 cm lange, vertakkende stengel. De onderste bladeren zijn lancet-lijnvormig, de bovenste zijn meer zwaardvormig. De bloemen zijn wit of roze van kleur. De bovenste drie bloemdekbladeren zijn groter dan de onderste drie. *L. anceps* is een wintergroeier.
L. corymbosa. Dit soort heeft zijn habitat in het gebied rond Kaap De Goede Hoop. De vertakkende stengel wordt 45 cm lang. De bloemen zijn blauw met een wit gekleurd hart. *L. corymbosa* is een zomergroeier.
L. cruenta. De zes tot tien bloemen staan op een 25 cm lange bloemstengel. *L. cruenta* is een zomergroeier die bloeit in augustus-september.

De knollen van de zomergroeiers worden in april-mei in een pot geplant. Voor een voorspoedige groei en bloei worden de planten op een zonnige plaats gekweekt. De watergift wordt eind oktober gestopt en worden de knollen in de oude grond droog bewaard bij 5-15°C.

De wintergroeiende *Lapeirousia* soorten kunnen als een 'gemiddelde' wintergroeier worden gekweekt en stellen geen bijzondere eisen aan van de kweekcondities. Een aandachtspunt is de watergift aan het eind van de groeiperiode. Als in de rusperiode doorgegaan wordt met watergeven, dan zullen de bladeren niet afsterven en worden volgend seizoen geen nieuwe bladeren gevormd.

Zomergroeiers

J	F	M	A	M	J	J	A	S	O	N	D
r	r	r	r	g	g	g	g/b	g/b	g	r	r
0	0	0	0	++	++	++	++	++	+	0	0

I

Wintergroeiers

J	F	M	A	M	J	J	A	S	O	N	D
g	g/b	g/b	g	r	r	r	r	r	g	g	g
++	++	++	+	0	0	0	0	0	+	++	++

III

5.2.33 *Ledebouria*

Het Zuid-Afrikaanse geslacht *Ledebouria* (*Hyacinthaceae*) omvat zo'n 15 soorten. De echte bol van sommige soorten groeit boven het grondoppervlak, bij andere soorten onder het grondoppervlak. De grootte en vorm van de bol varieert per soort, alsook het aantal bladeren. Kenmerkend voor het soort zijn de paars-bruin gevlekte bladeren. Deze bladeren bezitten geen of een korte bladsteel. De groene, witte of paarse bloemen zijn klein, 0,5 cm lang, en staan in een aar. De planten bloeien in de periode mei-augustus. Sommige soorten verliezen hun blad in de rustperiode. *Ledebouria* is verwant aan *Drimiopsis* en *Scilla*.

L. cooperi (syn. *Scilla adlamii*, *Scilla cooperi*). Dit soort groeit in Lesotho, Swaziland en in het noordwesten van Zuid-Afrika. *L. cooperi* produceert drie of vier lijnvormige bladeren die aan boven- en onderzijde zijn bezet met paarse strepen. Aan de basis zijn de bladeren paars gekleurd. De bol groeit onder het grondoppervlak. De bloemstengel is bezet met paarse vlekken. De bloemen zijn groen-paars gekleurd. De bloeitijd is juni-juli. *L. cooperi* verliest zijn bladeren in de rustperiode.

L. floribunda (syn. *Scilla floribunda*). Dit soort heeft zijn habitat in het noordwestelijk deel van Zuid-Afrika. De plant vormt brede, spits toelopende, paars gevlekte bladeren. De bloemdekbladeren zijn crèmekleurig-groen met paarse vlekken. *L. floribunda* is een evergreen.

L. ovalifolia (syn. *Scilla ovalifolia*). Dit soort komt voor in de kustgebieden in het zuidwesten van Zuid-Afrika. Uit de bol groeit één, horizontaal groeiend, langwerpig blad. De teruggebogen bloemdekbladeren zijn paars met in het hart van de bloem witte vlekken.

L. socialis. Dit soort is erg variabel. De twee of drie bladeren zijn pijlvormig. De kleur van de planten varieert van bladeren die aan de bovenzijde groen-paars zijn en aan de onderzijde paars met een paars gekleurde bloemstengel (syn. *Scilla violacea*) tot bladeren aan de bovenzijde groen-grijs, onderzijde groen en een groene bloemstengel (syn. *Scilla socialis*). De bollen groeien boven het grondoppervlak en vormen eenvoudig zijbollen. De bloemdekbladeren zijn wit-groen en zijn 0,5 cm lang. In de aar staan zo'n 40 bloemen. De planten bloeien in de periode mei-augustus. *L. socialis* is een evergreen.

Ledebouria soorten zijn eenvoudig te kweken. De planten zijn tolerant ten opzichte van de kweekcondities. Zelfs grond die gedurende langere tijd te nat is, veroorzaakt geen echte problemen. Daarnaast zijn de planten resistent tegen bijna alle ziekten en ongedierten. Ledebouria's worden bij voorkeur op een plaats in de schaduw gekweekt, anders verliezen de bladeren hun karakteristieke tekening en kleur. In de rustperiode wordt als temperatuur 10-20°C aangehouden.

J	F	M	A	M	J	J	A	S	O	N	D
r	r	r	g	g/b	g/b	g/b	g/b	g	g	r	r
_*	_*	_*	+	++	++	++	++	++	+	_*	_*

I x) *L. cooperi*

* Bladverliezende soorten: 0

5.2.34 *Manfreda*

Het geslacht *Manfreda (Agavaceae)* omvat circa 18 soorten die oorspronkelijk voorkomen in Mexico en het zuidoosten van de Verenigde Staten. Het geslacht wordt getypeerd als overblijvende kruidachtige planten met succulente wortels of bolvormige rhizomen. De bladeren groeien in een rozet, zijn klein en groen van kleur met paarse, bruine of rode vlekken. De bladstengel is veelal afwezig. De tweeslachtige bloemen staan in een aar. De zes bloemdekbladeren zijn aaneengegroeid tot een bloembuis met teruggebogen toppen. *Manfreda* soorten kunnen worden vermeerderd door uitlopers en door zaad. Manfreda's zijn zomergroeiers.

M. maculosa (syn. *Agave maculosa*, *Polianthes maculosa*). Deze plant uit Texas en Mexico vormt lancetvormige bladeren met een lengte tot 30 cm en een breedte van twee cm. De bladeren zijn succulent en hebben een bruine tekening. De tien tot 18, geurende bloemen zijn vier tot vijf cm lang en groen, later verkleurend naar roze.

M. variegata (syn. *Agave variegata*, *Polianthes variegata*). Dit soort heeft zijn habitat in Texas en Mexico. De bladeren zijn tot 45 cm lang en vier cm breed. Evenals bij *M. maculosa* zijn de bladeren succulent en hebben ze een bruine tekening. Daarnaast zijn ze diep gegroefd. De geurende bloemen zijn groen-bruin van kleur.

Manfreda soorten zijn gevoelig voor te veel vocht. Daarom worden ze opgeplant in een grondsoort waarin meer dan 50% zand is verwerkt. Als de plant te veel water krijgt en dit niet direct kan afvoeren, dan zal het blad ter hoogte van het oppervlak van de grond gaan rotten, waardoor dit blad afsterft. Overigens herstelt de plant zich hierna snel en worden nieuwe bladeren gevormd. In de rustperiode wordt de plant geheel droog gehouden bij 5-10°C.

J	F	M	A	M	J	J	A	S	O	N	D
r	r	r	r/g	g	g/b	g/b	g	g	g/r	r	r
0	0	0	–	++	++	++	++	++	+	0	0

II

5.2.35 *Massonia*

Het geslacht *Massonia* (*Hyacinthaceae*) omvat circa 30 soorten en heeft zijn habitat in het winterregengebied in de drie Kaapprovincies. Het geslacht is vernoemd naar Francis Masson (1741-1805), een botanicus die veel in Zuid-Afrika heeft gereisd. Kenmerkend voor het geslacht zijn de bladeren: twee stuks zonder bladsteel, rond tot elliptisch van vorm en meestal op het grondoppervlak liggend. De echte bol is opgebouwd uit schubben. De bloemstengel is erg kort, waardoor de bloeiwijze net boven de bladeren uitkomt. De bloemen staan in een scherm dat is omhuld door grote, groen of wit gekleurde schutbladeren. De bloemdekbladeren zijn aan de basis aan elkaar vastgegroeid en vormen een bloembuis. De meest voorkomende bloemkleuren zijn roze, groen, geel en rood. *Massonia* soorten zijn wintergroeiers. Het geslacht is nauw verwant aan *Neobakeria* en *Polyxena*.

M. depressa. Dit is de in cultuur wijdst verspreide *Massonia*. De plant groeit in Namaqualand in zanderige bodems. De bladeren bereiken een lengte van

18 cm en een breedte van acht cm. De bloemen zijn crèmekleurig. De bloeiwijze verschijnt in februari-maart.
M. pustulata. Dit soort komt voor in de drie Kaapprovincies. De bovenzijde
van de twee, leerachtige bladeren is bezet met korte haren of tuberkels. De
zoet geurende bloemen zijn wit, roze tot geel van kleur. De bloeitijd is
maart-april.

Andere interessante, maar minder vaak gekweekte, soorten zijn onder andere
M. echinata (syn. *M. amygdalina*; verspreiding: de drie Kaapprovincies; bladeren: eirond, tien cm lang en 15 cm breed; bloeiwijze: zoet geurende, witte
bloemen) en *M. jasminiflora* (syn. *M. bowkeri*; verspreiding: Noord- en
Oost-Kaap, Vrijstaat en Lesotho; bladeren: eirond, zeven cm lang; bloemen:
wit met groene toppen).

Massonia soorten zijn redelijk moeilijk te kweken. Op een aantal punten
vragen ze bijzondere aandacht. De planten verlangen een goed waterdoorlatende grond en deze bestaat derhalve voor meer dan de helft uit zand. Gedurende de rustperiode worden de planten droog gehouden en worden ze op
een schaduwrijke plaats gezet. In de groei- en bloeiperiode krijgen de planten minder water dan andere wintergroeiende geslachten. Verder worden de
planten in deze periode op een zonnige plaats gekweekt bij 12-17°C. Als de
watergift tijdens de rustperiode wordt voortgezet, dan zullen de bladeren niet
afsterven. Verder leidt dit tot een minder voorspoedige groei en bloei in het
volgende seizoen.

J	F	M	A	M	J	J	A	S	O	N	D
g	g/b	g/b	r	r	r	r	r	r	g	g	g
++	++	++	0	0	0	0	0	0	+	++	++

III

5.2.36 *Moraea*

Het geslacht *Moraea* (*Iridaceae*) omvat circa 100 soorten die in tropisch en
zuidelijk Afrika groeien. Het geslacht is vernoemd naar de Britse botanicus
Robert More die in de 18e eeuw leefde. De bolvormige stengelknol is bedekt
met houtachtige vezels. De onderste bladeren zijn lang en lijnvormig, de andere bladeren zijn kort. De bloemen zijn voordat ze opengaan omhuld door
twee groene schutbladeren. De bloemen van Moraea's lijken op die van het
geslacht *Iris* en staan in een aar. De drie buitenste bloemdekbladeren zijn
langer dan de binnenste drie exemplaren. *Moraea* soorten kunnen worden

vermeerderd door knollen en zaad. Het geslacht omvat evergreens en zomer- en wintergroeiers.

M. huttonii. De bijna rechtopstaande bladeren kunnen een lengte van één meter en een breedte van tien cm bereiken. De bloemen staan aan een één meter lange bloemstengel. De bloemdekbladeren zijn geel, met bruine vlekken in het hart. De bloemen kunnen een diameter van zeven cm bereiken. de bloeitijd is juli-augustus. *M. huttonii* is een evergreen.

M. polystachya. Dit soort bezit lange, bijna rechtopstaande bladeren. De plant wordt zo'n 30 cm hoog. De bloemen zijn blauw-lila van kleur. De buitenste drie bloemdekbladeren zijn aan de basis geel gekleurd. Deze wintergroeier bloeit in januari-maart.

M. spathulata (syn. *M. spathacea*). Dit soort heeft zijn habitat in het noordwesten van Zuid-Afrika. De plant produceert drie of vier, bijna rechtopstaande bladeren die een lengte van 1,2 meter kunnen bereiken. In de aar staan vijf, zoet geurende, gele bloemen. De buitenste drie bloemdekbladeren zijn naar buiten toe omgebogen. *M. spathulata* is een zomergroeier en bloeit in juli-augustus.

De knollen van de zomergroeiers kunnen eind april buiten geplant worden op een zonnige plaats. De planten verlangen een groede waterdoorlatende grond, dit verlaagt de kans op rotten. Eind oktober worden de knollen gerooid en bewaard bij 10-15°C. De zomergroeiende *Moraea* soorten zijn niet resistent tegen temperaturen onder 5°C.

De knollen van de wintergroeiers worden in september geplant. Er wordt pas met water gegeven gestart, als de scheut boven het grondoppervlak zichtbaar is. De wintergroeiers worden bij 12-17°C in een niet-verwarmde kamer of licht verwarmde kas gekweekt. Worden de planten bij hogere temperaturen gekweekt, dan zullen ze eerder dan normaal in rust gaan. Eind maart wordt gestopt met watergeven. De knollen worden droog op een schaduwrijke plaats bewaard. In het algemeen zijn de wintergroeiers moeilijker te kweken dan de zomergroeiers.

Zomergroeiers

J	F	M	A	M	J	J	A	S	O	N	D
r	r	r	g	g	g	g/b	g/b	g	g	r	r
0*	0*	0*	+	++	++	++	++	++	+	0*	0*

II

* Evergreens: –

Wintergroeiers

J	F	M	A	M	J	J	A	S	O	N	D
g/b	g/b	g/b	r	r	r	r	r	r	g	g	g
++	++	+	0*	0*	0*	0*	0*	0*	+	++	++

III

* Evergreens: –

5.2.37   Nerine

Het geslacht *Nerine* omvat zo'n 30 soorten en heeft zijn habitat in zuidelijk Afrika. Het belangrijkste groeigebied is Zuid-Afrika. Het geslacht is vernoemd naar Nereis, een waternimf uit de Griekse mythologie. Uit de gerokte, echte bol groeien tegenoverstaande, rechtopstaande tot hangende bladeren. Ze zijn lijnvormig en groeien uit na de bloei. De twee tot 20 bloemen staan in een scherm. De bloeitijd van de meeste soorten is september-oktober. *Nerine* soorten kunnen worden vermeerderd door zijbollen en zaad. Het geslacht is verwant aan *Amaryllis* en omvat zowel bladverliezende als groenblijvende soorten.

N. bowdenii. Dit is de wijdst verspreide *Nerine* in cultuur. *N. bowdenii* groeit in Oost-Kaap en Kwazulu-Natal. De bloeitijd is september-oktober. De roze, lijnvormige bloemdekbladeren zijn aan de randen gegolfd. De bladeren zijn 30 cm lang en twee tot drie cm breed. Dit soort verliest in de rustperiode zijn bladeren.
N. filifolia. Dit soort heeft zijn habitat in West-Kaap. De bijna rechtopstaande bladeren zijn lijnvormig. De roze bloemen verschijnen in oktober. *N. filifolia* is een evergreen.
N. flexuosa. Dit soort uit de drie Kaapprovincies produceert 30 cm lange bladeren die gelijktijdig met de bloeiwijze uitgroeien. De bloemdekbladeren zijn wit-roze van kleur en bezitten gegolfde randen. In het scherm staan zo'n 12 tot 20 bloemen.
N. masonorum. Deze evergreen vormt bijna rechtopstaande, lijnvormige bladeren. De bloemen zijn wit-roze van kleur. *M. masonorum* bloeit in augustus-september.
N. moorei. Dit soort vormt 30 cm lange en 1,5 cm brede bladeren. De bloemen zijn roze van kleur. *N. moorei* verliest in de rustperiode zijn bladeren.

Nerine soorten zijn in het algemeen niet eenvoudig te kweken. Dit kan met name worden toegeschreven aan het feit dat het moeilijk is een relatie te leg-

48. *Lachenalia mediana*. Foto: F. Noltee.
49. *Lachenalia violacea* var. *glauca* in habitat op Kamiesberg. Foto: F. Noltee.
50. *Ledebouria socialis*. Foto: F. Noltee.
51. *Nerine bowdenii*. Foto. P. Knippels.

gen tussen de kweekcondities en groei, bloei en rust. Uit onderzoek is naar voren gekomen dat een complex van condities nodig is voor een voorspoedige groei en bloei. Daarnaast is uit dit onderzoek gebleken dat *Nerine bowdenii* in een seizoen de bloemknop voor de volgende twee tot drie seizoen aanlegt. *Nerine* soorten bloeien in het algemeen in september-oktober. De bladeren groeien gelijktijdig met de bloeiwijze of na de bloei uit. Als de bladeren beginnen af te sterven, wordt de watergift gestopt en worden de bladverliezende soorten droog en warm (15-20°C) bewaard. De evergreens krijgen in de rustperiode weinig water.

J	F	M	A	M	J	J	A	S	O	N	D
g	g	g	r	r	r	r	r	b	b/g	g	g
++	++	+	0*	0*	0*	0*	0*	+	+	++	++

III

* Evergreens: –

5.2.38 *Ornithogalum*

Tot het geslacht *Ornithogalum* (*Hyacinthaceae*) behoren zo'n 200 soorten die in grote delen van de 'oude' wereld groeien; Europa, westelijk Azië (Turkije tot Iran) en Afrika. De belangrijkste groeigebieden zijn de landen rond de Middellandse Zee en Zuid-Afrika. De Europese en Aziatische soorten kunnen in de tuin worden gekweekt. Een bekende Europese *Ornithogalum* is *O. umbellatum*. Voor dit boek is zuidelijk Afrika het belangrijkste verspreidingsgebied met 54 soorten. In Zuid-Afrika is het winterregenvalgebied in West-Kaap het groeicentrum. De naam van het geslacht is afgeleid van het Griekse woord ornithogalen, dat vogelmelk betekent. De gerokte, echte bollen bezitten soms een nek. In zuidelijk Afrika groeit het geslacht zowel in het winterregengebied als in het zomerregenvalgebied. De bollen van de planten uit het winterregenvalgebied zijn in het algemeen klein in vergelijking met de grootte van de gehele plant, terwijl de bollen van planten uit het zomerregenvalgebied groot, stevig en bolvormig zijn. De bladeren staan gewoonlijk in een rozet. Wat betreft de bladeren bestaat er binnen het geslacht een grote variatie: van één tot vele, lijnvormig tot eirond en succulent tot dun en slap. De meeste soorten verliezen hun bladeren in de rustperiode. De bloemen staan in een scherm of in een aar. *Ornithogalum* soorten kunnen worden vermeerderd door zaad en zijbollen. Het geslacht is nauw verwant aan *Albuca*.

52	54
53	55	56

52. *Ornithogalum juncifolium*. Foto: P. Knippels.
53. *Ornithogalum juncifolium*. Foto: P. Knippels.
54. *Ornithogalum longibracteatum*. Foto: P. Knippels.
55. *Ornithogalum longibracteatum*. Foto: P. Knippels.
56. *Ornithogalum unifolium*. Foto: P. Knippels.

O. cocicum (syn. *O. lacteum*). Dit soort groeit in de drie Kaapprovincies in vochtige valleien en in zanderige vlaktes. De plant produceert zes, 50-70 cm lange bladeren die rechtop groeien. In habitat groeien de bladeren in de wintermaanden uit en sterven ze af voordat de bloeiwijze uitgroeit. In het scherm staan meer dan 50 witte bloemen. De bloeitijd is mei-juni. *O. cocicum* is geen zomergroeier noch een wintergroeier, maar meer een voorjaarsgroeier.

O. dubium (syn. *O. florescens*, *O. triniatum*). Dit soort heeft zijn habitat in de drie Kaapprovincies, met uitzondering van het Kaap-schiereiland. De plant produceert drie tot acht, ovaal- tot lijnvormige bladeren die 20 cm lang kunnen worden. De kleur van de 25 bloemen varieert van geel tot oranje, het hart van de bloem is bijna zwart. De bloemstelen van de onderste bloemen in de aar zijn langer dan die van bloemen die er boven staan. *O. dubium* is een zomergroeier.

O. flavissimum. Deze wintergroeier komt voor in de drie Kaapprovincies. De kleine bladeren staan in een rozet. De bloemen zijn geel tot oranje met een groen hart. De bloeitijd is februari-maart.

O. juncifolium. Dit soort groeit in bijna geheel Zuid-Afrika op berghellingen, in rotsachtige gronden of in rotsrichels. De bol is aan de onder- en bovenzijde afgeplat en is aan de buitenzijde bezet met bruine, verdroogde rokken. *O. juncifolium* produceert zo'n 50, succulente bladeren die op gras lijken. Per seizoen kan een plant één tot drie bloemstengels voortbrengen. De bloemen staan in een aar en zijn crèmekleurig met op elk bloemdekblad over de gehele lengte een groene, rode of bruine streep. De bloemen zijn één dag open. *O. juncifolium* is een evergreen en bloeit in maart-april.

O. longibracteatum (syn. *O. caudatum*). Dit soort heeft zijn habitat in tropisch Oost-Afrika en de zuidwestelijke kuststrook in West-Kaap. De groen gekleurde bollen groeien boven het grondoppervlak en bereiken een diameter van 15 cm. De lijnvormige bladeren kunnen een lengte van één meter en een breedte van vijf cm bereiken. In de aar kunnen zo'n 300 bloemen staan. De witte bloemdekbladeren bezitten over de gehele lengte een brede, groene streep. *O. longibracteatum* vormt eenvoudig zij- en adventieve bollen. Deze evergreen kan in principe het gehele jaar bloeien.

O. monophyllum. Dit soort uit Mpumalanga en Swaziland produceert één, lijnvormig, 30 cm lang blad. In habitat groeit *O. monophyllum* op berghellingen in de schaduw van andere planten. De bol kan een diameter van twee cm bereiken. De 20 bloemen per bloeiwijze zijn wit van kleur. De bloemdekbladeren zijn ten hoogste één cm lang en zijn aan de basis tegen elkaar gegroeid en vormen een bloembuis. *O. monophyllum* is een wintergroeier.

O. saundersiae. Dit soort groeit in Kwazulu-Natal, Mpumalanga en Swaziland. *O. saundersiae* is de in cultuur meest bekende *Ornithogalum* uit Zuid-Afrika en is redelijk eenvoudig te kweken. Het soort is redelijk eenvoudig te kweken. De spreidende bloemdekbladeren zijn wit van kleur, het hart van de bloem is groen of zwart. De bladeren worden 60 cm lang. *O. saundersiae* is een zomergroeier.

O. thyrsoides (syn. *O. revolutum*). Dit soort heeft zijn habitat in het gebied dat zich uitstrekt van het Kaap-schiereiland tot Namaqualand en wordt gekweekt als snijbloem. *O. thyrsoides* is redelijk eenvoudig te kweken. De kleur van de bloemen varieert van wit tot geel. Deze zomergroeier bloeit in de periode mei-juli.

O. unifolium. Deze wintergroeier produceert één of twee bladeren die plat op de grond kunnen liggen. De bladeren worden 12 cm lang en drie cm breed. De naar buiten toe staande, één cm lange bloemdekbladeren zijn geel van kleur. Het hart van de bloem is groen. De bloemen gaan alleen open bij zonnig weer. *O. unifolium* groeit in de meer droge graslanden in Vrijstaat en Noord- en West-Kaap.

Andere interessante, maar minder vaak gekweekte, soorten zijn onder andere *O. maculatum* (verspreiding: het westelijk deel van Noord- en West-Kaap; bladeren: twee tot vijf, lijnvormig tot eirond, tot 15 cm lang; bloeiwijze: één tot acht bloemen, spreidende bloemdekbladeren, geel tot oranje, de buitenste met zwarte stippen op de top; zomergroeier), *O. multifolium* (verspreiding: het westelijk deel van Noord- en West-Kaap, met name in Richtersveld (Namaqualand); bladeren: tot tien stuks, tien cm lang; bloeiwijze: circa 15 bloemen in de aar, geel-oranje; wintergroeier), *O. suaveolens* (verspreiding: Namibië en het westelijk deel van Noord- en West-Kaap; bladeren: twee tot vijf stuks, tot 40 cm lang; bloemdekbladeren; groene streep over het midden met gele of witte randen) en *O. xanthochlorum* (verspreiding: Richtersveld (Namaqualand); bladeren: negen tot 14 stuks, 50 cm lang en rechtopstaand tot meer hangend; bloeiwijze: zoet geurende, groene bloemen).

Het is erg moeilijk algemene kweekinstructies te geven: het geslacht omvat zomergroeiers, evergreens en wintergroeiers. Sommige planten groeien in droge, zanderige gebieden, anderen in meer vochtige gebieden. Sommige soorten vormen gelijktijdig bladeren en een bloeiwijze, bij anderen groeit de bloeiwijze uit nadat de bladeren zijn afgestorven. In het algemeen kan gesteld worden dat wintergroeiers moeilijker te kweken zijn dan zomergroeiers.

De temperatuur in de groeiperiode van wintergroeiers is 12-17°C. In de rustperiode worden deze planten in de droge grond bewaard op een schaduwrijke plaats.

De zomergroeiers worden gekweekt bij 15-20°C. Planten met succulente bladeren kunnen in het driecte zonlicht worden geplaatst, terwijl soorten met dunne, slappe bladeren op een lichte plaats worden gekweekt, maar tegen di-

rect zonlicht worden beschermd. In de rustperiode worden de planten bewaard bij 10-15°C.

Zomergroeiers

J	F	M	A	M	J	J	A	S	O	N	D
r	r	r	g	g/b	g/b	g/b	g	g	g/r	r	r
0*	0*	0*	+	++	++	++	++	++	–	0*	0*

II

* Evergreens: –

Wintergroeiers

J	F	M	A	M	J	J	A	S	O	N	D
g/b	g/b	g	r	r	r	r	r	r	g	g	g
++	++	+	0*	0*	0*	0*	0*	0*	+	++	++

III

* Evergreens: –

5.2.39 *Oxalis*

Tot het geslacht *Oxalis* (*Oxalidaceae*) behoren zo'n 800 soorten. Het geslacht komt op alle continenten voor, uitgezonderd Australië. De belangrijkste groeigebieden zijn de tropische en subtropische regionen in Zuid-
Amerika en de gematigde klimaatzones in Zuid-Afrika. De soorten uit deze
gebieden zijn koudegevoelig en worden derhalve binnen gekweekt. De geslachtsnaam is afgeleid van het Griekse woorden oxys, dat scherp betekent,
en als, dat zout betekent, refererend aan het zure, bijtende plantensap. Sommige soorten bezitten een rhizoom of een dicotyle knol. De samengestelde
bladeren zijn drie- tot vijftallig en lijken op die van klaverplanten. De tweeslachtige bloemen bezitten vijf kelkbladeren, vijf kroonbladeren en tien
meeldraden. Van deze tien meeldraden zijn er vijf lang en vijf kort. De
bloemen zijn trechter- tot belvormig. De kleur van de bloemen varieert van
geel, via rood tot wit. De bloemen staan in een scherm of staan alleen of in
groepen in de oksels van de bladeren. Een van de meeste bekende *Oxalis*
soorten in cultuur is *O. tuberosa* (syn. *O. deppei*), beter bekend onder de

naam klavertje vier of geluksplant. De laatste jaren zijn diverse 'nieuwe' *Oxalis* soorten in cultuur geïntroduceerd; met name soorten uit Zuid-Afrika. Het geslacht omvat zomergroeiers (Zuid-Amerika en Zuid-Afrika) en wintergroeiers (Zuid-Afrika). De meeste soorten kunnen worden vermeerderd uit zaad.

O. adenophylla. Dit soort heeft zijn habitat in het Andes-gebergte in Chili. De knollen zijn bedekt met vezels. Deze vezels zijn de onderzijden van afgestorven bladeren. De grijs-groene bladeren staan in een rozet. De planten kunnen een hoogte van vijf tot tien cm bereiken. De alleenstaande bloemen zijn roze van kleur met een donker-bruin hart. *O. adenophylla* is een zomergroeier die in mei-juni bloeit.

O. bowiei (syn. *O. abyssicina*, *O. bowieana*, *O. purpurata*). Dit soort groeit in het zomerregenvalgebied in de drie Kaapprovincies. De drietallige bladeren zijn bezet met korte haren. De planten bloeien met trechter- tot belvormige, paarse bloemen met een geel hart. De bloeitijd is juli-augustus. *O. bowiei* is een zomergroeier.

O. lasiandra. Dit wit bloeiende soort uit Mexico wordt verkocht als geluksplant. De bladeren zijn vier-tallig. In vergelijking met *O. tuberosa* zijn de planten van *O. lasiandra* groter. De planten bloeien in de periode juli-september. Dit soort is een zomergroeier.

O. pers-caprea (syn. *O. cernua*). Dit soort komt uit Noord- en West-Kaap en het zuiden van Namibië. De bladeren zijn aan de onderzijde bezet met vele korte haren en zijn grijs-groen van kleur. Aan de bovenzijde zijn ze paars-groen gekleurd. In het scherm staan acht tot tien bloemen die geel van kleur zijn. Deze zomergroeier bloeit in mei-juni.

O. tuberosa (syn. *O. deppei*). Dit soort groeit in Mexico. De bladeren zijn viertallig met hartvormige blaadjes. De bloemen zijn roze van kleur en verschijnen in de periode juli-september. *O. tuberosa* is een zomergroeier die evenals *O. lasiandra* bekend is onder de naam klavertje vier of geluksplant.

O. variabilis (syn. *O. purpurea*). Dit soort groeit in het gehele winterregenvalgebied in Zuid-Afrika. De bladeren zijn aan de onderzijde paars-groen, aan de bovenzijde zijn ze bezet met paarse vlekken. De meest voorkomende kleuren van de bloemen zijn paars, roze, wit en geel. De bloeiperiode is januari-maart.

Andere interessante, maar minder vaak gekweekte, *Oxalis* soorten zijn onder andere *O. adenodes* (verspreiding: Namaqualand; bladeren: in een rozet; bloeiwijze: grote, witte bloemen met een geel hart; bloeitijd: januari-maart; wintergroeier), *O. brasiliensis* (verspreiding: Brazilië; bloeiwijze; rode bloemen met een geel hart; bloeitijd: mei-juni; zomergroeier), *O. clavifolia* (verspreiding: Noord- en West-Kaap; bladeren: klein, lijkend op mos; bloeiwijze: gele bloemen; bloeitijd: januari-maart; wintergroeier), *O. compressa* (verspreiding: Namaqualand; bladeren: in een rozet, aan de basis paars of rood; bloemen: geel; bloeitijd: januari-maart; wintergroeier), *O. eckloniana* (verspreiding: Kaap-schiereiland; bladeren: in een rozet met paars gekleurde onderzijden; bloeiwijze: bloemkleur varieert van paars, violet, roze, wit tot oranje; bloeitijd: oktober-februari; wintergroeier) en *O. lobata* (verspreiding: gematigde klimaatzones in Zuid-Amerika, met name Chili; bladeren: in een rozet; bloeiwijze: gele bloemen; bloeitijd: juli-september; zomergroeier; erg kleine plant).

De wintergroeiende *Oxalis* soorten zijn in het algemeen moeilijker te kweken dan de zomergroeiers.

Oxalis soorten worden in het algemeen in voedingsarme gronden geteeld; gronden die voor meer dan de helft uit zand bestaan. Een te voedingsrijke grond leidt tot planten met lange stengels en grote bladeren aan lange bloemstelen. Deze planten zullen niet bloeien. *Oxalis* soorten worden op een zonnige plaats gekweekt; te veel schaduw leidt tot een groot aantal bladeren op lange bladstelen en geen bloemen. Aan het einde van de groeiperiode, dat meestal ook het einde van de bloeitijd is, wordt de watergift gestopt; anders sterven de bladeren en de stengel niet af. Wintergroeiers die bij een te hoge temperatuur (>18-20°C) worden gekweekt, produceren lange, slappe stengels en ze bloeien niet.

Zomergroeiers

J	F	M	A	M	J	J	A	S	O	N	D
r	r	r	g	g	g	g/b	g/b	g/b	r	r	r
0	0	0	+	++	++	++	++	++	0	0	0

II

Wintergroeiers

J	F	M	A	M	J	J	A	S	O	N	D
g/b	g/b	g/b	r	r	r	r	r	r	g	g	g
++	++	+	0	0	0	0	0	0	+	++	++

III

5.2.40 *Pancratium*

Het geslacht *Pancratium* (*Amaryllidaceae*) omvat circa 15 soorten en groeit in gematigde en (sub)tropische klimaatzones in zuidelijk Europa, centraal Azië, Afrika en India. De geslachtsnaam is afgeleid van de woorden pan, dat alle(n) betekent, en kratys, dat krachtig betekent, refererend aan de medicinale kwaliteiten van de planten. De echte bollen eindigen in een nek die bedekt is met verdroogde, bruine schubben. De lijnvormige bladeren staan in een rozet. Kenmerkend is de corona van de bloem die sterk lijkt op die bij het geslacht *Narcissus*. De zes bloemdekbladeren zijn voor een groot deel aan elkaar gegroeid en vormen een bloembuis. De witte bloemen zijn wit van kleur, soms met een groen gestreept hart. *Pancratium* is nauw verwant aan *Hymenocallis*. *Pancratium* soorten kunnen worden vermeerderd door zaad en zijbollen. De soorten zijn groenblijvend en bloeien in de periode mei-september.

P. canariense. Dit soort dat voorkomt op de Canarische Eilanden vormt brede, lancet-lijnvormige bladeren. De plant bloeit in augustus-september met acht tot 12, witte bloemen. De corona is kort, de toppen van de smalle bloemdekbladeren zijn naar buiten toe omgebogen.

P. illyricum. Dit soort heeft zijn habitat in de zanderige duinen in Zuid-Europa. De bol van *P. illuryricum* is relatief groot; 20 cm in diameter met een 30 cm lange nek. De zoet geurende bloemen bloeien in juni-juli. In het scherm kunnen zo'n 30 bloemen staan.

P. maritimum. Dit soort groeit in het zuidwesten van Zuid-Europa. De plant werd voor het eerst in cultuur geïntroduceerd in de Horti van Amsterdam en Leiden. Jan Commelin beschreef de plant in 1687 als 'Narcissus Ceylanicus, Flore albo, Hexagono odorato' ofwel 'Ceylonsche narcisse, met een seshoekige, witte, en riekende bloemen'. De echte bol van dit soort bezit een lange nek. De bladeren zijn lijnvormig en grijs-groen van kleur. De planten bloeien in juli-augustus met witte, zoet geurende bloemen. De bloemen hebben een lange bloembuis, de corona is langer dan die van andere *Pancratium* soorten.

De planten groeien in de natuur in, onder andere, gematigde klimaatzones, maar kunnen bij ons niet buiten gekweekt worden. *Pancratium* soorten verlangen relatief hoge temperaturen (15-17°C) om te kunnen groeien en te bloeien. In de rustperiode, oktober tot april, krijgen de planten een beetje water, net genoeg dat niet alle bladeren afsterven. Als de bladgroei start, wordt de watergift verhoogd. Na de bloeiperiode wordt de watergift beperkt tot het niveau van de rustperiode.

J	F	M	A	M	J	J	A	S	O	N	D
r	r	r	g	g	g	g/b	g/b	g	g/r	r	r
–	–	–	+	++	++	++	++	+	–	–	–

II   [pot]   [bloem]

5.2.41 *Sandersonia*

Het geslacht *Sandersonia* (*Colchiacaceae*) is monotypisch met als enig soort *S. aurantiaca*. Dit soort groeit in Kwazulu-Natal. Het geslacht is vernoemd naar J. Sanderson, de eerste secretaris van de Natal Horticultural Society. De planten bezitten een kleine wortelstok waaruit een 1,5 tot twee meter lange, klimmende stengel groeit. In cultuur is de stengel aanzienlijk korter en meer stevig. De lancetvormige bladeren eindigen in een hechtrank. De hangende, oranje, bel- tot ballonvormige bloemen staan in de bladoksels. Deze zomergroeier bloeit in juli-september. *Sandersonia* is nauw verwant aan *Gloriosa*.

De wortelstok wordt zo'n vijf cm onder het grondoppervlak geplant. De minimum kweektemperatuur is 18°C, waarbij de plant op een zonnige plaats wordt gezet. In de groeiperiode krijgt de plant veelvuldig en veel water. Na de bloei wordt de watergift eerst verlaagd en vervolgens geheel gestopt. De rhizomen worden in de rustperiode droog bewaard bij 10°C. Hierbij worden ze in de droge grond bewaard om de rhizoom te beschermen tegen uitdrogen.

J	F	M	A	M	J	J	A	S	O	N	D
r	r	r	g	g	g	g/b	g/b	g/b	g	r	r
0	0	0	+	++	++	++	++	++	–	0	0

I   

5.2.42 *Sauromatum*

Het geslacht *Sauromatum* (*Araceae*) omvat zes soorten die in oostelijk en westelijk Afrika, India en Sumatra groeien. De planten bezitten stengelknollen. Ze bloeien voordat de bladeren uitgroeien. Ook de wortels groeien pas uit na de bloei. De bloeitijd is april-mei. De bloemen staan in een kolf die is omhuld door een bruin-paars, kroonbladachtig schutblad. De bloemstengel is aan de onderzijde bezet met paarse vlekken. Het schutblad is veelal langer

dan de kolf. De bloemen geuren sterk naar rottend vlees. Na de bloei groeit
één blad op een lange bladsteel uit. *Sauromatum* soorten zijn zomergroeiers
en kunnen eenvoudig worden vermeerderd door knollen.

S. venosum (syn. *S. guttatum*). Dit is de enige *Sauromatum* soort dat wordt
gekweekt. De plant heeft zijn habitat in het Himalaya-gebergte in Burma en
India. De buitenkant van het schutblad is aan de onderzijde groen, naar de
top toe veranderd van kleur naar paars-bruin. Aan de binnenzijde is het
schutblad groen met bruine vlekken. De 50 cm lange bladsteel is aan de onderzijde bezet met paarse vlekken.

Sauromatum soorten bloeien in april-mei. Na de bloei wordt de knol geplant
in een voedingsrijke en tevens goed waterdoorlatende grond. De plant wordt
gekweekt bij een temperatuur van 15-20°C. In de groeiperiode wordt de
grond vochtig gehouden. Als het blad afsterft in oktober, wordt gestopt met
watergeven. In de rustperiode worden de knollen bewaard bij 5-15°C.

J	F	M	A	M	J	J	A	S	O	N	D
r	r	r	b	b	g	g	g	g	r	r	r
0	0	0	0	0	++	++	++	++	0	0	0

5.2.43 *Scadoxus*

De acht soorten van het geslacht *Scadoxus* (*Amaryllidaceae*) groeien in tropisch Arabië en in (sub)tropisch Afrika. Het belangrijkste groeigebied is zuidelijk Afrika. De planten bezitten wortelstokken of gerokte, echte bollen die
stolonen kunnen vormen. De rhizomen en bollen groeien boven het grondoppervlak en zijn groen van kleur. De witte wortels zijn vlezig en sterven
niet af in de rustperiode. De rechtopstaande tot hangende bladeren bezitten
een duidelijke middennerf. De bladsteel is opmerkelijk lang. Bij sommige
soorten zijn de uiteinden van de bladsteel aan elkaar vastgegroeid en vormt
deze zo een valse stam. De tien tot 100 bloemen staan in een scherm dat
voorafgaand aan de bloei is omhuld door schutbladeren. Tijdens of vlak voor
de bloei sterven de schutbladeren meestal af. De kleur van de bloemen varieert van roze tot rood. De bloemdekbladeren zijn aan de basis aan elkaar
vastgegroeid en vormen een bloembuis, de toppen zijn naar buiten toe omgebogen. *Scadoxus* omvat zowel groenblijvende als bladverliezende soorten.
Het geslacht is nauw verwant aan *Haemanthus*. Een kenmerk dat *Scadoxus*

deelt met *Haemanthus* is het kiemgedrag van de zaden: er wordt een bol gevormd waaruit een blad groeit, in plaats van direct een blad.

S. membranaceus (syn. *Haemanthus membranaceus*). Dit soort groeit in het
kustgebied van Kwazulu-Natal en Oost-Kaap. De plant produceert twee tot
zes bladeren die een lengte van tien tot 20 cm en een breedte van drie tot zeven cm kunnen bereiken. De bladsteel wordt acht tot 20 cm lang en de randen zijn niet aan elkaar vastgegroeid. De bladeren en de bloeiwijze groeien
gelijktijdig uit. In het scherm staan tien tot 100 bloemen. Het scherm is omhuld door vier rechtopstaande schutbladeren die niet voor of tijdens de bloei
afsterven. Deze bracteeën zijn groen tot groen-rood van kleur. De bloemen
zijn groen-roze van kleur.

S. multiflorus. Scadoxus multiflorus kan worden beschreven als een groenblijvende, kruidachtige plant met een echte bol die stolonen vormt. Uit de
bol groeien twee tot acht, eironde tot lancetvormige bladeren. Deze bladeren
zijn acht tot 45 cm lang en 3,5 tot 15 cm breed. De bladstelen vormen een 60
cm hoge valse stam. Het scherm, met tien tot 200 bloemen, is vijf tot 30 cm
in doorsnede. Aan de onderzijden zijn de rode bloemdekbladeren aan elkaar
vastgegroeid en vormen ze een bloembuis. Voor de bloei is het scherm omhuld door schutbladeren. *Scadoxus multiflorus* omvat drie ondersoorten: *ssp.
katherinae* (syn. *Haemanthus katherinae*), *ssp. longitubus* (syn. *Haemanthus
longitubus*) *en ssp. multiflorus* (syn. *Haemanthus multiflorus*). De belangrijkste verschillen tussen de drie ondersoorten betreffen het groeigebied, de
hoogte van de plant, de lengte van de bloembuis en de breedte van de
bloemdekbladeren. *Subspecies katherinae* komt voor in Kwazulu-Natal,
Oost-Kaap en zuidelijk Swaziland, *ssp. longitubus* in oostelijk en zuidelijk
Afrika en ssp. *multiflorus* in Ghana en in Guinea. De drie ondersoorten
bloeien in augustus-oktober.

S. pole-evansii (syn. *Haemanthus pole-evansii*). Dit soort heeft zijn habitat in
Zimbabwe. De bol kan een diameter van twee tot 3,5 cm bereiken en produceert vier tot acht bladeren. De bladstelen vormen een 40-120 cm lange valse
stam. De bladeren groeien uit na de bloeiperiode. De bracteeën sterven af
voordat de roze-rode bloemen opengaan. *S. pole-evansii* lijkt op *S. multiflorus ssp. katherinae*.

S. puniceus (syn. *Haemanthus magnificus*). Dit soort groeit in Ethiopië, Tanzania, Zambia en in Zuid-Afrika. De bol van dit soort vormt stolonen. In
doorsnede is de bol drie tot acht cm. De bladstelen van de twee tot zeven
bladeren vormen een vijf tot 50 cm lange valse stam. De eironde tot lancetvormige bladeren zijn 15-30 cm lang en vijf tot 15 cm breed. In het scherm
staan 30-100 bloemen. De bloemkleur varieert van geel-groen, groen-roze,
roze tot rood. De grote, rechtopstaande schutbladeren sterven niet af voor of
tijdens de bloei.

Scadoxus soorten worden niet veel gekweekt. Dit kan niet worden toege-schreven worden aan de moeilijkheidsgraad van kweken. Ze zijn niet moei-lijk te kweken, ze zijn tolerant ten aanzien van de cultuuromstandigheden en lijken resistent voor ziekten en plagen. Zowel de evergreens als de bladver-liezende soorten hebben hun rustperiode in onze wintermaanden en worden in deze periode gekweekt bij 10-15°C. Als in de rustperiode een hogere tem-peratuur worden aangehouden, dan is het raadzaam de planten niet geheel droog te houden. Dit geldt met name voor de evergreens. De plant wordt eens in de drie tot vier jaar verpot. De algemene bloeiperiode is augustus-oktober. De meeste soorten hebben dunne en grote bladeren. Om te voorko-men dat de plant kan uitdrogen, wordt hij in de zomermaanden niet in het di-recte zonlicht gezet en wordt de grond vochtig gehouden.

J	F	M	A	M	J	J	A	S	O	N	D
r	r	r	r	g	g	g	g/b	g/b	g/b	g	r
0*	0*	0*	0*	+	++	++	++	++	++	+	0*

I

* Evergreens: –

5.2.44 *Schizobasis*

Het geslacht *Schizobasis* (*Hyacinthaceae*) is monotypisch met als enig soort *S. intricata*, dat zijn habitat heeft in Zuid-Afrika. De geschubde, echte bol produceert gewoonlijk één, sterk vertakte, stengel. De plant vormt geen bla-deren. Op de uiteinden van de stengels staan de bloemen; per uiteinde één groen-witte, kelkvormige bloem. *S. intricata* is een zomergroeier en bloeit in de periode juli-augustus. De plant kan uit zaad worden vermeerderd. *Schizo-basis* is nauw verwant aan *Bowiea*.

De plant is redelijk eenvoudig te kweken, verlangt geen bijzondere aandacht en lijkt resistent voor ziekten en plagen. In de rustperiode sterft de sterk vertakte stengel af, tenminste als gestopt wordt met watergeven. De bol wordt in de rustperiode droog gehouden bij 8-15°C. De plant wordt één keer in de twee tot drie jaar verpot, waarbij de bol gedeeltelijk boven het grond-oppervlak wordt geplant. Er wordt gestart met watergeven als de stengel zichtbaar is.

J	F	M	A	M	J	J	A	S	O	N	D
r	r	r	g	g	g	g/b	g/b	g	g	r	r
0	0	0	+	++	++	++	++	++	+	0	0

I

5.2.45 *Scilla*

Het geslacht *Scilla* (*Hyacinthaceae*) omvat circa 100 soorten en komt voor in Europa, Afrika en in Azië. *Scilla* betekent verwonden, hiermee refererend aan de wortels die giftig sap bevatten. De gerokte, echte bol produceert lijn- tot lancetvormige bladeren die in een rozet staan. De kleine, blauwe of paar- se bloemen staan in een aar. De meeste soorten bloeien in de lente of in de zomer. De soorten kunnen worden vermeerderd door zijbollen en zaad. Een aantal jaren geleden is het geslacht onderworpen aan een revisie. Dat heeft geresulteerd in nieuwe *Scilla* soorten. Daarnaast zijn voormalige *Scilla* soorten ondergebracht in andere of nieuwe geslachten. Een bekend voor- beeld van het laatste is het geslacht *Ledebouria*; *Scilla cooperi* is tegenwoor- dig bekend onder de naam *Ledebouria cooperi*. *Scilla* is nauw verwant aan *Ledebouria*, *Puschkinia*, *Hyacinthoides*, *Chionodoxa* en *Urginea*.

S. natalensis (syn. *S. kraussii*). Dit soort heeft zijn habitat in Lesotho en in het oostelijk deel van Zuid-Afrika. De plant bezit een relatief grote bol die bedekt is met verdroogde, bruin gekleurde rokken. In de piramidevormige aar staan circa 10 bloemen. De blauwe bloemen verschijnen in april-mei. Ze zijn aan de basis tegen elkaar gegroeid en vormen een bloembuis. De blade- ren groeien uit na de bloei en kunnen een lengte van 45 cm en een breedte van tien cm bereiken. Ze zijn aan de onderzijde bezet met paarse vlekken. *S. natalensis* is een zomergroeier.

De bol wordt voor de helft onder het grondoppervlak geplant. Voor een voorspoedige groei en bloei wordt de plant eens in de drie tot vier jaar ver- pot. De minimum temperatuur in de rustperiode is 10°C. Er wordt pas gestart met watergeven na de bloei. In de zomermaanden kan de plant buiten op een zonnige plaats worden gezet.

J	F	M	A	M	J	J	A	S	O	N	D
r	r	r	b	b/g	g	g	g	g	r	r	r
0	0	0	0	+	++	++	++	+	0	0	0

II

5.2.46 *Sinningia*

Het geslacht *Sinningia* omvat circa 70 soorten en komt voor in Midden- en Zuid-Amerika. De belangrijkste groeigebieden zijn Argentinië, Brazilië en Mexico. Het geslacht is vernoemd naar W. Sinning (1792-1874), voormalig directeur van de Botanische Tuin in Bonn. *Sinningia* soorten bezitten een dicotyle knol. In het algemeen zijn de bladeren, bladsteel en bloemstengel bezet met korte, viltige haren. De succulente of vlezige bladeren hebben een horizontale stand en hebben een duidelijke middennerf. De urn- tot belvormige bloemen staan in een scherm of staan in de bladoksels. Bij sommige soorten zijn de bloemdekbladeren bezet met korte haren. De bloemkleur kan variëren van oranje, rood tot wit. De bloeitijd is juni-augustus. *Sinningia* soorten zijn zomergroeiers. Ze kunnen worden vermeerderd door zaad, bladstekken en knollen.

S. canescens (syn. *Rechsteineria leucotricha*). De bladeren en stengel van dit soort uit Brazilië zijn dicht bezet met korte, grijs-witte haren. Aan de stengel staan vier, horizontaal groeiende, ellipsvormige bladeren. Op één knol kunnen meerdere knoppen uitlopen. De oranje-rode bloemen zijn aan de binnenzijde bezet met bruine vlekken en zijn aan de buitenzijde bezet met grijs-wit gekleurde haartjes. De bloeitijd is mei-juni.

In de rustperiode wordt de knol droog bewaard bij 12-17°C. De knol wordt bovenop het grondoppervlak geplant. Als de knoppen op de knol uitlopen, wordt gestart met watergeven. De plant wordt gekweekt op een lichte plaats, maar nooit in het directe zonlicht. Anders verliest de plant zijn karakteristieke grijs-witte kleur.

J	F	M	A	M	J	J	A	S	O	N	D
r	r	r	g	g	g/b	g/b	g/b	g	g/r	r	r
0	0	0	+	++	++	++	++	++	+	0	0

I

5.2.47 *Sprekelia*

Sprekelia (*Amaryllidaceae*) is monotypisch met als enig soort *S. formosissima*. Het geslacht is vernoemd naar de Duitse botanicus J.H. von Sprekelsen. De plant groeit in Mexico en niet zoals de soortaanduiding zou doen vermoeden op Taiwan (het voormalige Formosa). De relatief grote bollen zijn opgebouwd uit rokken en bezitten een nek. In mei-juni groeien de lijnvormi-

ge, 50 cm lange bladeren uit, gevolgd door de alleenstaande bloemen in juni-
juli. De rode bloemen kunnen een diameter van 30 cm bereiken. De bovenste
drie bloemdekbladeren zijn smal en zijn naar buiten toe omgekruld, de onderste drie zijn breder, zijn niet gebogen en staan iets naar buiten toe. *Sprekelia* is nauw verwant aan *Hippeastrum*.

De bollen worden met de nek boven het grondoppervlak geplant. De watergift wordt gestart als de bladeren uit de bol groeien. In de groei- en bloeiperiode wordt de plant gekweekt bij minimaal 15-20°C. In de rustperiode, ok-
tober-april, wordt de plant droog gehouden bij 10-15°C. Als in de
rustperiode niet gestopt wordt met watergeven, zullen de bladeren niet afsterven.

J	F	M	A	M	J	J	A	S	O	N	D
r	r	r	r	g	g/b	g/b	g	g	g/r	r	r
0	0	0	0	+	++	++	++	++	+	0	0

II

5.2.48 *Veltheimia*

Het geslacht *Veltheimia* (*Hyacinthaceae*) omvat twee soorten en is vernoemd
naar de Duitse botanicus August Ferdinand Graf von Veltheim (1741-1801).
De twee soorten zijn *V. bracteata* (syn. *V. viridifolia*, *V. undulata*) en *V. capensis* (syn. *V. glauca*, *V. roodea*, *V. deasii*). Kenmerkend voor het geslacht
zijn de grote, eironde, gerokte echte bollen, de grote, groene, lancetvormige
bladeren met gegolfde randen en de urnvormige, wasachtige, hangende
bloemen die dicht op elkaar staan in de aar. De kleur van de bloemen varieert van geel, roze, rood tot crèmekleurig. *Veltheimia bracteata* groeit in
Oost-Kaap en Kwazulu-Natal. *V. capensis* groeit in de drogere gebieden in
Noord- en West-Kaap. De twee soorten lijken sterk op elkaar. Verschilpun-
ten zijn de kleur en vorm van de bladeren. De bladeren van *V. capensis* zijn
grijs-groen, ze bezitten sterk gegolfde randen en eindigen in een spitse top.
De bladeren van *V. bracteata* zijn groen, glanzen en eindigen in een stompe
top. De planten kunnen worden vermeerderd door zijbollen, zaad en bladstekken. Beide soorten zijn wintergroeiers.

De bol wordt deels boven het grondoppervlak geplant. Totdat de bladeren
uitgroeien in oktober-november wordt de grond droog gehouden. De plant
op een lichte plaats gekweekt bij 12-17°C. Na de bloeiperiode, januari-maart,

wordt de watergift gestopt. De bollen worden in de rustperiode bewaard bij 15-20°C.

J	F	M	A	M	J	J	A	S	O	N	D
g/b	g/b	g/b	l	r	r	r	r	r	g	g	g
++	++	++	–	0	0	0	0	0	+	++	++

II

5.2.49 *Whiteheadia*

Het geslacht *Whiteheadia* (*Hyacinthaceae*) is monotypisch met als enig soort *W. bifolia*. De plant heeft zijn habitat in Namaqualand. De gerokte, echte bol kan een diameter bereiken van vijf cm. Met de twee tegenoverstaande, op de grond liggende, ronde tot eironde bladeren lijkt *W. bifolia* op *Massonia*. De succulente bladeren worden 30 cm lang en 20 cm breed. De bloemen staan in een scherm met een zeer korte bloemstengel. De groene bloemdekbladeren vormen aan de basis een bloembuis. *W. bifolia* is een wintergroeier die aan het einde van de groeiperiode in maart-april bloeit.

De kweekwijze van *W. bifolia* verschilt op hoofdlijnen niet van die van andere wintergroeiers en is qua aandachtspunten en moeilijkheidsgraad vergelijkbaar met *Massonia*.

J	F	M	A	M	J	J	A	S	O	N	D
g	g	g/b	g/b	r	r	r	r	r	g	g	g
++	++	++	+	0	0	0	0	0	+	++	++

III

5.2.50 *Zantedeschia*

De zes soorten van het geslacht *Zantedeschia* (*Araceae*) hebben hun habitat in zuidelijk Afrika. Het geslacht is vernoemd naar de Italiaanse chemicus en botanicus G. Zantedeschi (1773-1846). Met uitzondering van *Z. aethiopica*, die een wortelstok heeft, bezitten de planten een knol. *Zantedeschia* soorten hebben lange, rechtopstaande, pijlvormige bladeren. Deze bladeren staan in het algemeen op lange bladstelen. De bloemen staan in een kolf, die omhuld is door een kroonbladachtig schutblad dat wit, geel of roze van kleur is. In de natuur groeien de planten in een vochtige omgeving die in de zomermaanden uitdroogt. De knolvormende soorten zijn zomergroeiers, *Z. aethiopica* is een evergreen. *Zantedeschia* soorten kunnen worden vermeerderd door zaad, uitlopers van de rhizomen en door knollen.

Z. aethiopica (syn. *Calla aethiopica*). Dit is de in cultuur meest bekende *Zantedeschia*. De rechtopstaande, glanzende, groene bladeren zijn 40 cm lang en 25 cm breed. Het schutblad dat de aar omhuld is wit van kleur. De bloeitijd is juni-augustus. Z. aethiopica is een evergreen.

Z. albomaculata (syn. *Z. melaoleuca*). De bladeren van dit soort zijn bedekt met witte vlekken. Het schutblad is wit-groen met een rood-paars gekleurde onderzijde. De bloemen verschijnen in juni-juli.

Z. elliotiana. De bladeren van dit soort zijn bedekt met witte-zilverkleurige vlekken. De bladeren kunnen 80 cm lang worden. Het schutblad is geel. De bloeitijd is juni-juli.

Z. rehmannii. In vergelijking met de andere soorten zijn *Z. rehmannii* planten klein. De rechtopstaande, glanzende, groene bladeren kunnen een lengte van 20 cm bereiken. Het schutblad is roze tot donker-paars. De planten bloeien in juni-juli.

De rustperiode van de planten breekt aan in oktober en worden de knollen in de oude, droge grond bewaard bij 5-15°C. *Z. aethiopica* krijgt in de rustperiode een beetje water. In april worden de knollen uit de oude grond gehaald, schoongemaakt en in verse, voedingsrijke grond geplant. *Zantedeschia* soorten worden gekweekt bij een minimum temperatuur van 15-20°C. In de zomermaanden kunnen de planten buiten geplaatst worden. In de groeiperiode wordt de grond vochtig gehouden.

J	F	M	A	M	J	J	A	S	O	N	D
r	r	r	r	g	g	g/b	g/b	g	g/r	r	r
0*	0*	0*	0*	+	++	++	++	++	+	0*	0*

I

* *Z. aethiopica*: −

5.2.51 *Zephyranthes*

Het geslacht *Zephyranthes* (*Amaryllidaceae*) omvat circa 40 soorten die voorkomen op het gehele Amerikaanse continent, inclusief de eilanden in het Caraïbisch gebied. De geslachtsnaam is afgeleid van zephros, dat westen-

57. *Oxalis* sp. Foto: F. Noltee.
58. *Oxalis* sp. Foto: F. Noltee.
59. *Scadoxus multiflorus* ssp. *katherinae*. Foto: P. Knippels.
60. *Schizobasis intricata*. Foto: F. Noltee.
61. *Sinningia canescens*. Foto. P. Knippels.

58 | 57
--- | 59
60 | 61

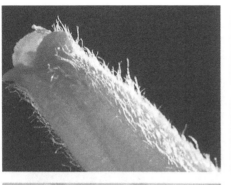

wind betekent, refererend aan de groeiplaats van het geslacht; de nieuwe we-reld in het westen. Uit de gerokte, echte bol groeien lijnvormige bladeren. De bloeiwijze is alleenstaand. De rechtopstaande bloemen zijn belvormig en lijken op *Crocus* bloemen. De meest voorkomende bloemkleuren zijn wit, geel en roze. De planten bloeien in de late zomer tot de herfst, met uitzonde-ring van *Z. atamasca* die in april-mei bloeit. *Zephranthes* soorten kunnen worden vermeerderd door zaad en zijbollen. Het geslacht is nauw verwant aan *Hippeastrum*.

Z. atamasca. Dit soort groeit in de moerasachtige gebieden in de Amerikaan-se staat Virginia. De bloemdekbladeren zijn voordat de bloem open gaat groen met paarse vlekken. Als de bloem open gaat, verandert de kleur in wit. De bloeitijd is april-mei.

Z. candida. Dit is de meest winterharde *Zephyranthes*. De bloemen zijn wit en verschijnen in augustus-oktober.

Z. citrina. Dit wortelstokvormende soort heeft zijn habitat in moerasachtige gebieden in Guyana. De gele bloemen kunnen een diameter van vier tot vijf cm bereiken. De bloeitijd is augustus-september.

Z. grandiflora (syn. *Z. carinata*). Dit soort komt voor in Mexico en in het Caraïbisch gebied. De roze bloemen zijn vijf cm in doorsnede. De bloemen verschijnen in augustus-oktober.

De bollen worden geplant in voedingsrijke en tevens goed waterdoorlatende grond. De planten worden eens in de vier tot vijf jaar verpot. De minimum-temperatuur in de groeiperiode is 12°C. In het begin van de groeiperiode kunnen de *Zephyranthes* soorten in een niet-verwarmde kamer of licht ver-warmde kas worden gekweekt. Later in de zomermaanden kunnen de planten buiten op een zonnige plaats worden gezet. In de groeiperiode wordt de grond vochtig gehouden. Nadat de bloemen zijn afgestorven, wordt de wa-tergift langzaam in hoeveelheid gereduceerd en in frequentie verlaagd. De bollen worden in de droge grond bewaard bij 10-15°C.

J	F	M	A	M	J	J	A	S	O	N	D
r	r	r	r/g	g	g	g	g/b	g/b	g/r	r	r
0*	0*	0*	+	++	++	++	++	++	+	0*	0*

II

* Evergreens: –

62. Close up van behaarde bloem van *Sinningia canescens*. Foto: F. Noltee.
63. *Sprekelia formosissima*. Foto: P. Knippels.
64. *Veltheimia bracteata*. Foto: P. Knippels.
65. *Veltheimia capensis*. Foto: F. Noltee.
66. *Zantedeschia rehmannii*. Foto: P. Knippels.

Verklarende woordenlijst

aar: bloeiwijze waarbij de bloemen aan een bloeias zijn bevestigd.

adventief: op ongewone plaatsen groeiend, bijvoorbeeld bollen vormend op de moeder-bol (*Ornithogalum longibracteatum*).

afwisselend: bladstand waarbij alleenstaande bladeren om en om op een stengel staan.

alleenstaand: bloeiwijze waarbij één bloem op de bloemstengel staat.

bloeiwijze: groep van een op een bepaalde wijze gerangschikte bloemen op een bloem-stengel.

bloem: het reproductieorgaan van een plant.

bloembuis: kroon- of bloemdekbladeren die, deels, tegen elkaar zijn gegroeid of aan el-kaar zijn vastgegroeid en hierdoor gezamenlijk de vorm van een buis hebben.

bloemdekbladeren: of bloemdek. De kroonbladeren (of petalen) en kelkbladeren (of se-palen) van een bloem zijn gelijk in vorm en kleur en staan veelal in één krans.

bol (echte): meestal ondergronds groeiend, gezwollen opslagorgaan dat reservevoedsel bevat. De echte bol is opgebouwd uit gemodificeerde, bladachtige delen (rokken of schubben) die staan op de basale plaat (de stengel).

bractee: zie schutblad.

buisvormig: de of delen van de bloemdekbladeren, kelk- of kroonbladeren zijn ver-groeid, waardoor een orgaan is ontstaan dat de vorm van een buis heeft.

corolla: tot een ring of kom samengegroeide bloemdekbladeren

corona: of bijkroon. Tot een ring of kom samengegroeide meeldraden.

eivormig: of eirond. Bladvorm met de grootste breedte onder het midden.

eenhuizig: mannelijke en vrouwelijke bloemen gescheiden voorkomend op één plant.

evergreen: zie groenblijvend.

familie: een systematische groep tussen orde en geslacht. Namen van families eindigen op -aceae (uitgezonderd Compositae).

geophyt: algemene term voor planten met een ondergronds opslagorgaan.

geslacht: een systematische groep tussen familie en soort, omvat een of meerdere soor-ten die gemeenschappelijke kenmerken bezitten.

groenblijvend: of evergreen. Plant met niet-afvallende bladeren. Deze planten kennen in het algemeen geen echte rustperiode.

habitat: de plaats waar de plant in de natuur gewoonlijk groeit, soms slaand op de groei-condities in de natuur.

hechtrank: top van een blad dat is vergroeid tot een draadvormig deel dat zich kan win-den om een steun.

helmdraad: deel van het mannelijk orgaan van de bloem. Op de helmdraad staat de helmknop, gezamenlijk de meeldraad vormend.

kelkblad: of sepaal. Buitenste van de twee kransen van de bloembekleedselen.

knol: verdikt, meestal ondergronds groeiend opslagorgaan dat reservevoedsel bevat. Er bestaan stengelknollen (verdikte stengel) en wortelknollen (verdikte delen van wortels).

kolf: bloeiwijze met een vlezige bloeias met nagenoeg zittende bloemen. De bloeias wordt veelal omhuld door een schutblad.

kroonblad: of petaal. Binnenste van de twee kransen van de bloembekleedselen.

kruidachtig: plant met een niet-verhoute stengel.

lancetvormig: bladvorm; met de grootste breedte in of onder het midden en drie tot vijf maal zo lang als breed.

langwerpig: bladvorm; met de grootste breedte in het midden en twee tot drie maal zo lang als breed.

lijnvormig: bladvorm; lang en smal met nagenoeg evenwijdige zijden.

meeldraad: mannelijk orgaan van een bloem, bestaande uit helmknop en helmdraad.

okselstandig: staande in de oksel van een blad.

ondersoort: of subspecies. Een systematische eenheid onder de soort. Planten die op bepaalde punten duidelijk afwijken of verschillen van de soort, maar niet voldoende om te spreken van een apart soort.

overblijvend: een plant die praktisch een onbeperkte levensduur kan hebben.

rhizoom: zie wortelstok.

rok: bladachtig deel van een echte bol die de bol geheel omsluit. De uiteinden van het bladachtige deel zijn aan elkaar vastgegroeid.

rozet: krans van bladeren, gewoonlijk op de grond liggend.

rust: een periode in de ontwikkelingsfase waarin de plant uiterlijk geen groei of ontwikkeling vertoont. Deze periode, veelal een periode van kou, is nodig om volgend seizoen te kunnen groeien en bloeien.

savanne: een tropisch of subtropisch grasland met verspreid groeiende bomen, veelal Acacia's.

schub: bladachtig deel van een echte bol die de bol veelal niet geheel omsluit. De uiteinden van het bladachtig deel zijn niet aan elkaar vastgegroeid.

schutblad: of bractee. Bladachtig orgaan, soms lijkend op kroonblad van een bloem, staand in de oksel van een bloem of bloeiwijze.

scherm: bloeiwijze waarbij de bloemen uit een punt ontspringen.

soort: of species. Systematisch begrip voor een groep individuen die onderling gelijk zijn in uit- en inwendige eigenschappen.

stengelknol: zie knol.

stoloon: bovengrondse uitloper waaraan gewoonlijk jonge planten worden gevormd.

tegenoverstaand: bladeren en knoppen die paarsgewijs op dezelfde hoogte aan de stengel staan.

tweehuizig: situatie waarbij mannelijke en vrouwelijke bloemen gescheiden op verschillende planten staan.

tweeslachtig: bloem met stamper en meeldraden.

variëteit: systematische eenheid die onder soort en ondersoort staat en daarvan slechts op enkele punten verschilt.

wintergroeier: bladverliezende plant die groeit en bloeit in de periode tussen de herfst en het voorjaar.

wortelknol: zie knol.

wortelstok: of rhizoom. Ondergronds, horizontaal groeiende stengel, met veelal alleen aan de onderzijde wortels vormend.

zomergroeier: bladverliezende plant die groeit en bloeit in de periode van het voorjaar tot en met de herfst.

Literatuuroverzicht

HOOFDSTUK 2

Dahlgren, R.M.T., H.T. Clifford en P.F. Yeo 1985. *The Families of the Monocotyledons*, Springer Verlag, Berlijn.

Genders, R. 1973. *Bulbs, A Complete Handbook of Bulbs*, Corms and Tubers. Robert Hale & Company, Londen.

Jessop, J.P. 1975. Studies on the bulbous *Liliaceae* in South Africa: 5. Seed surface characters and generic groupings. *Journal of South African Botany* 41(2): 67-85.

Nordal, I. 1982. *Flora of Tropical East Africa; Amaryllidaceae*. A.A. Balkema, Rotterdam.

Rix, M. 1983. *Growing Bulbs*. Croom Helm Ltd, Beckenhem, Kent.

HOOFDSTUK 3

Rix, M. 1983. *Growing Bulbs*. Croom Helm Ltd, Beckenhem, Kent.

Plessis, N. Du en G.D. Duncan 1989. *Bulbous Plants of Southern Africa*. Tafelberg Publishers, Kaapstad.

HOOFDSTUK 4

Anoniem 1995. Culture Page. *Herbertia* 50(1): 67.

Brierley, P. 1948. Diseases of *Amaryllidaceae*, excluding those of *Allium* and *Narcissus*. *Herbertia* 15(1): 113-119.

Duncan, G.D. 1996. *Growing South African Bulbous Plants*. Kirstenbosch National Botanical Garden, Kaapstad.

Leighton, F.M. 1939. The Distribution of South African Amaryllids in relation to rainfall. Herbertia 6(1): 207-211.

Noltee, F. 1994. *Kweektabel voor succulenten (inclusief cactussen)*. Noltee, Zwijndrecht.

Plessis, N. Du en G.D. Duncan 1989. *Bulbous Plants of Southern Africa*. Tafelberg Publishers, Kaapstad.

HOOFDSTUK 5

Algemeen
Bryan, J.E. 1989. *Bulbs* (two volumes). Christopher Helm, Bromley.
Bryan, J.E. en M. Griffiths 1995. *Manual of Bulbs*. Timber Press, Portland.
Coombs, S.V. 1948. South African Amaryllids as house plants. *Herbertia* 15(1): 101-112, 163.
Dyer, R.A. 1948. Further records on *Amaryllidaceae* in South Africa. *Herbertia* 15(1): 13-21.
Erens, J. 1948. Notes on Amaryllids cultivated in the Transvaal. *Herbertia* 15(1): 91-101.
Genders, R. 1973. *Bulbs, A Complete Handbook of Bulbs, Corms and Tubers.* Robert Hale & Company, Londen.
Nordal, I. 1982. *Flora of Tropical East Africa; Amaryllidaceae*. A.A. Balkema, Rotterdam.
Plessis, N. Du en G.D. Duncan 1989. *Bulbous Plants of Southern Africa.* Tafelberg Publishers, Kaapstad.
Strout, E.B. 1948. Growing Amaryllids in pots. *Herbertia* 15(1): 145-163.

Achimenes
Howard, W. 1949. The *Achimenes* come back. *Plant Life* 3(1): 25-28.
Moskers, The 1949. *Gesneriaceae* as a hobby. *Plant Life* 3(1): 21-24.
Smith, E.F. 1949. Experiences with *Achimenes*. *Plant Life* 3(1): 7-20.

Agapanthus
Leigthon, F.M. 1939. A brief review on the genus *Agapanthus*. *Herbertia* 6(1): 105-107.

Albuca
Drysdale, W.T. 1994. *Albuca*. *Herbertia* 50(1): 66.

Aloe
Reynolds, G. 1966. *The Aloes of Tropical Africa and Madagascar.* The Aloe Book Fund, Swaziland.

Boophone
Milne-Redhead, G. 1939. Correct spelling of *Boöphone* Herb. *Herbertia* 6(1): 145.
Müller-Dolblies, D. en U. Müller-Doblies 1994. De Liliifloris notulae. 5. Some new taxa and combinations in the *Amaryllidaceae* tribe *Amaryllideae* from arid Southern Africa. *Feddes Repertorium* 105(5-6): 331-363.
Olivier, W. 1981. The genus *Boophane*. *I.B.S.A. Bulletin* 31(1): 5-8.

Brunsvigia
Dyer, R.A. 1950. A review of the genus *Brunsvigia* Heist; part 1. *Plant Life* 6(1-4): 63-83.
Dyer, R.A. 1951. A review of the genus *Brunsvigia* Heist; part 2. *Plant Life* 7(1-4): 45-64.

Bulbine
Knippels, P. 1996. An introduction to the genus *Bulbine*. *Herbertia* 51(1): 74-77.
Williamson, G. en H. Baijnath 1995. Three new species of *Bulbine* Wolf (*Asphode-*

laceae) from the Richtersveld and the southern Namib Desert. *Journal of South African Botany* 61(6): 312-318.

Bulbinella
Perry, P.L. 1987. A synoptic review of the genus *Bulbinella* (*Asphodelaceae*) in South Africa. *Journal of South African Botany* 53(6): 431-444.
Perry, P. 1992. *Bulbinella*. *Herbertia* 48(1&2): 46-48.

Calochortus
Kline, B. 1993. *Calochortus*: Why Not Try Them. *Herbertia* 49(1&2): 36-40.
Lassanyi, E. 1993. Another Look at *Calochortus*. *Herbertia* 49(1&2): 41-43.

Clivia
Blackbeard, G.I. 1939. *Clivia* breeding. *Herbertia* 6(1): 191-193.
Duncan, G.D. 1992. Notes on the genus *Clivia* Lindley with particular reference to *C. miniata* Regel var. *citrina* Watson. *Herbertia* 48(1&2): 26-29.
Grove, C. 1992. An introduction to *Clivia*. *Herbertia* 48(1&2): 13-16.

Crinum
Hayward, W. 1948. Crinums for garden and greenhouse. *Herbertia* 15(1): 139-145.

Cyrtanthus
Duncan, G.D. 1990. *Cyrtanthus* – Its horticultural potential – Part 1. *Veld & Flora* 76(1): 18-21.
Duncan, G.D. 1990. *Cyrtanthus* – Its horticultural potential – Part 2. *Veld & Flora* 76(2): 54-56.
Duncan, G.D. 1990. *Cyrtanthus* – Its horticultural potential – Part 3. *Veld & Flora* 76(3): 72-73.
Dyer, R.A. 1939. A review of the genus *Cyrtanthus*. *Herbertia* 46(1): 65-104.
Oliver, W. 1980. The genus *Cyrtanthus*. *Veld & Flora* 66(3): 78-80.
O'Neill, C. 1990. The genus *Cyrtanthus*. *Herbertia* 46(1): 37.
Reid, C. en R.A. Dyer 1984. *A review of the southern African species of Cyrtanthus*. American Plant Life Society, La Jolla, Californië.

Gethyllis
Lighton, C. 1992. The Kukumakranka. *Veld & Flora* 78(4): 100-103.
Liltveld, W. 1992. Kukumakranka: Past and present. *Veld & Flora* 78(4): 104-106.
Müller-Dietrich, D. 1986. De Liliifloris notulae. 3. Enumeratio specierum generum *Gethyllis* et *Apodolirion* (*Amaryllidaceae*). *Willdenowia* 15: 465-471.
Stephens, E.L. 1939. Notes on *Gethyllis*. *Herbertia* 6(1): 112-118.

Gloriosa
Hayward, W. 1951. The *Gloriosa* Lilies. *Plant Life* 7(1-4): 145-153.

Haemanthus
Friis, I. en I. Nordal 1976. Studies on the genus *Haemanthus* (*Amaryllidaceae*) IV. Division of the genus into *Haemanthus* s. str. and *Scadoxus* with notes on *Haemanthus* s. str. *Norwegian Journal of Botany* 23: 63-77.

Snijman, D.A. 1984. A revision of the genus *Haemanthus* L. *(Amaryllidaceae). Journal of South African Botany* 12; 1-139

Hippeastrum
Ruckman, J.F. 1939. House culture of *Amaryllis. Herbertia* 6(1): 231-234.
Traub, H.P. en J.C.Th. Uphof 1939. Further revision of the genus *Amaryllis. Herbertia* 6(1): 146-154.
Verschillende artikelen in *Plant Life* en *Herbertia*, met name over kruisingen.

Homeria
O'Neill, C.J. 1993. The Genus *Homeria. Herbertia* 49(1&2): 74.

Lachenalia
Duncan, G.D. 1988. *The Lachenalia Handbook*. National Botanic Gardens, Kirstenbosch.

Ledebouria
Jessop, J.P. 1972. Studies in the bulbous *Liliaceae* in South Africa. 3. The meiotic chromosomes of *Ledebouria. Journal of South African Botany* 38(4): 249-259.
Jessop, J.P. 1973. Studies in the bulbous *Liliaceae* in South Africa. 4. A new species of *Ledebouria* from South West Africa. *Journal of South African Botany* 39(1): 45-48.

Massonia
Jessop, J.P. 1976. Studies in the bulbous *Liliaceae* in South Africa. 6. The taxonomy of *Massonia* and allied genera. *Journal of South African Botany* 42(4): 401-437.

Ornithogalum
Obermeyer, A.A. 1978. *Ornithogalum*: a revision of southern African species. *Bothalia* 12(3): 323-376.

Oxalis
Bayer, M.B. 1992. Salter's revision of South African *Oxalis (Oxalidaceae)* and some new combinations. *Herbertia* 48(1&2): 58-69.
Vasar, M.G. 1994. A most underappreciated genus – *Oxalis*: Some Western Cape species. *Herbertia* 50(1): 13-17.

Scadoxus
Friis, I. en I. Nordal 1976. Studies on the genus *Haemanthus* (Amaryllidaceae) IV. Division of the genus into *Haemanthus* s. str. and *Scadoxus* with notes on *Haemanthus* s. str. *Norwegian Journal of Botany* 23: 63-77.
Knippels, P. 1996. The genus *Scadoxus* and *Scadoxus multiflorus. Herbertia* 51(1): 30-31.

Veltheimia
Drysdale, W.T. 1992. *Veltheimia. Herbertia* 48(1&2): 30-31.

Zephyranthes
Howard, T.M. 1976. *Zephyranthes* breeding. *Plant Life* 32(1-4): 80-88.
Hume, H.H. 1939. *Zephyranthes* of the West Indies. *Herbertia* 6(1): 121-134.

BIJLAGE 3

Indeling geslachten naar moeilijkheidsgraad van kweken

B.3.1 BEGINNERS

Achimenes
Agapanthus
Albuca (zomergroeiers)
Aloe richardsiae
Anthericum
Begonia
Bowiea volubilis
Clivia
Dipcadi
Drimiopsis
Eucomis
Gloriosa

Habranthus
Haemanthus
Hippeastrum
Homeria
Lapeirousia (zomergroeiers)
Ledebouria
Sandersonia
Sauromatum
Scadoxus
Schizobasis
Sinningia
Zantedeschia

B.3.2 MENSEN MET ERVARING

Albuca (wintergroeiers)
Amaryllis
Ammocharis
Babiana
Bowiea gariepensis
Calochortus
Crinum
Cyrtanthus (zomergroeiers)
Drimia
Eucharis
Gladiolus (zomergroeiers)
Manfreda
Moraea (zomergroeiers)
Ornithogalum (zomergroeiers)
Oxalis (zomergroeiers)
Pancratium

Scilla
Sprekelia
Veltheimia
Zephyranthes

B.3.3 MENSEN MET ZEER VEEL ERVARING

Boophone
Brunsvigia
Bulbine
Bulbinella
Cyrtanthus (wintergroeiers)
Gethyllis
Gladiolus (wintergroeiers)
Lachenalia
Massonia
Moraea (wintergroeiers)
Nerine
Ornithogalum (wintergroeiers)
Oxalis (wintergroeiers)
Whiteheadia

Indeling geslachten naar sierwaarde

B.4.1 PLANTEN WAARVAN DE BLADEREN SIERWAARDE HEBBEN

Achimenes	Bladeren met getande of gezaagde randen, aan de onderzijde veelal paars van kleur.
Begonia	Grote, licht-groene bladeren die lang aan de plant blijven.
Bowiea	De planten hebben geen echte bladeren, maar een groene, sterk vertakte stengel waarvan de uiteinden op bladeren lijken.
Bulbine	Bladeren in diverse vormen en grootte en met nervatuur. Meestal zijn de succulenten bladeren in doorsnede rond en zijn ze licht groen van kleur met donker groene strepen.
Clivia	Donker-groene, leerachtige bladeren.
Drimiopsis	Lancet- tot pijlvormige bladeren met op de onderzijde veelal een paarse of bruine tekening.
Cyrtanthus	Bladeren met verschillende verschijningsvormen (kleur, grootte, vorm en tekening).
Gethyllis	Bladeren die op gras lijken. Bij sommige soorten groeien de bladeren rechtop. De bladschede en de onderzijde van de bladeren zijn veelal bezet met paarse vlekken.
Haemanthus	Relatief grote, leerachtige of succulente bladeren. Bij sommige soorten zijn ze aan de onderzijde bezet met vlekken.
Lachenalia	Bladeren met verschillende verschijningsvormen (kleur, grootte, vorm en tekening).
Massonia	Twee relatief grote, eironde bladeren die plat op de grond liggen. De bladeren zijn effen groen van kleur.
Oxalis	De bladeren lijken op die van klaver. Binnen het geslacht bestaat er een variatie in kleur, grootte en nervatuur.
Sinningia	Relatief grote bladeren die de gehele groeiperiode aan de plant blijven. De bladeren zijn effen van kleur. Veelal zijn de bezet met korte haren.

B.4.2 PLANTEN WAARVAN DE BLOEIWIJZE EN/OF BLOEMEN SIERWAARDE HEBBEN

Achimenes	Planten die gedurende enkele maanden bloeien met kleurige bloemen.

	De meeste hybriden en cultivars bezitten relatief grote bloemen. De planten bloeien makkelijk.
Agapanthus	Blauw-paarse of witte bloemen. De bloeitijd van een bloeiwijze is vrij lang. De planten bloeien makkelijk.
Albuca	De meeste voorkomende bloemkleur is wit, met op ieder bloemdekblad een groene streep. De bloeitijd van een bloeiwijze is vrij lang. De planten bloeien makkelijk.
Amaryllis	Kelkvormige, roze bloemen die relatief groot zijn.
Ammocharis	Roze-paarse bloemen met teruggebogen bloemdekbladeren.
Anthericum	De meeste voorkomende bloemkleur is wit, met op ieder bloemdekblad een groene streep. De bloeitijd van een bloeiwijze is vrij lang. Anthericum's bloeien in een periode dat weinig andere bolgewassen bloeien. De planten bloeien makkelijk.
Boophone	Bloeiwijze kan in volle bloei een grote diameter bereiken. Bloemen zijn geel-roze van kleur. Kan meerdere weken bloeien. Bloeit in cultuur niet snel.
Brunsvigia	Relatief grote bloemen in diverse kleuren.
Bulbine	Gele bloemen met teruggebogen bloemdekbladeren en behaarde helmstokken. Kan meerdere weken bloeien. Bulbine's bloeien in een periode dat weinig andere bolgewassen bloeien.
Bulbinella	Gele of oranje bloemen met teruggebogen bloemdekbladeren. De bloeiwijze kan meer dan een meter lang worden.
Calochortus	Bloemen in vele verschillende, wat fellere kleuren.
Clivia	Relatief grote, gele of oranje bloemen. De planten bloeien makkelijk.
Crinum	Grote, buis- tot kelkvormige, witte of roze bloemen. Ze bloeien in een periode dat weinig andere bolgewassen bloeien. De planten bloeien makkelijk.
Cyrthanthus	Hangende, buisvormige, gele tot rode bloemen.
Eucharis	Hangende, smetteloos witte bloemen met teruggebogen bloemdekbladeren.
Eucomis	Bloemen met een kenmerkende tekening: bloemdekbladeren met donker gekleurde randen, hart en helmdraden. De bloemen staan dicht op elkaar in een aar. Bovenop de bloeiwijze staan enkele schutbladeren. In volle bloei vertoont de bloeiwijze enige gelijkenis met een ananas. De planten bloeien makkelijk.
Hippeastrum	Grote bloemen in verschillende kleuren en tekeningen. De planten bloeien makkelijk.
Lachenalia	Buis- tot kelkvormige bloemen in verschillende kleuren en tekeningen.
Massonia	De bloemen staan in een scherm. De bloemstengel is kort, waardoor de bloeiwijze net boven de bladeren uitkomt.
Moraea	Op Iris lijkende bloemen.
Nerine	Roze bloemen met teruggebogen bloemdekbladeren. De bloeitijd van een bloeiwijze is vrij lang.
Ornithogalum	Meestal witte bloemen, soms met een tekening of gekleurd hart. De bloeitijd van een bloeiwijze is vrij lang. Voorkomende bloeiwijzen zijn scherm en aar. Aantal bloemen in een bloeiwijze verschilt tussen de soorten.
Oxalis	Witte, gele, roze, rode bloemen die meestal buis- tot kelkvormig zijn.
Pancratium	Redelijk grote, witte bloemen met een corona en een lange bloembuis.

Sauromatum   Droogbloeier. Paars-bruin gekleurde buitenzijde van het schutblad.

Scadoxus   In diameter grote bloeiwijze met meestal rode bloemen. De bloemen bezitten een relatief lange bloembuis.

Sprekelia   Grote, rode bloemen met een voor het geslacht kenmerkende bouw.

Veltheimia   Buisvormige bloemen in verschillende kleuren met een wasachtig uiterlijk. Ze staan dicht op elkaar in de aar.

Zantedeschia   Alleenstaande bloemen, meest voorkomende kleuren zijn wit, geel en rood. De planten bloeien makkelijk.

Zephyranthes   Alleenstaande, rechtop staande, kelkvormige bloemen. Meest voorkomende bloemkleuren zijn wit, geel en roze.

B.4.3   PLANTEN WAARVAN DE BOL, KNOL OF WORTELSTOK SIERWAARDE HEEFT

Bowiea   De bol groeit boven het grondoppervlak en kan een diameter bereiken van meer dan 20 cm

Drimia   De bol is opgebouwd uit los van elkaar staande schubben.

Drimiopsis   De relatief kleine bollen groeien boven het grondoppervlak en zijn bedekt met verdroogde, bruin gekleurde schubben.

Haemanthus   De bollen groeien boven het grondoppervlak en zijn bedekt met verdroogde, bruin gekleurde schubben. De opbouw van de bollen is goed zichtbaar.

Ledebouria   De relatief kleine bollen groeien boven het grondoppervlak en zijn bedekt met verdroogde, bruin gekleurde schubben.

B.4.4   PLANTEN WAARVAN GEURENDE PLANTENDELEN SIERWAARDE HEBBEN

Bowiea   De bloemen van *B. volubilis* geuren licht.

Crinum   De bloemen van sommige soorten verspreiden een zoete geur.

Eucomis   De bloemen van sommige soorten verspreiden een zoete geur, van enkele andere soorten een onprettige geur.

Pancratium   De bloemen van sommige soorten verspreiden een zoete geur.

Sauromatum   De bloemen verspreiden een onaangename geur: ze ruiken naar rottend vlees.

Handige adressen

B.5.1   KWEKERS VAN BOLGEWASSEN

Frans Noltee
Rotterdamseweg 88, 3332 AK Zwijndrecht, tel.: 078-6124200/6195110, fax.: 078-6198396, Internet: http://www/cactus-mall.com/fnoltee, e-mail: fnoltee@worldonline.nl.
Biedt bolgewassen en succulenten te koop aan. Wat betreft de bollen ligt de nadruk op Afrikaanse planten. Publiceert twee maal per jaar een omvangrijke prijslijst.
Cok Grootscholten
Vijverberglaan 5, 2675 LC Honselersdijk, tel.: 0174-627795.
Biedt bolgewassen en succulenten te koop aan. Wat betreft de bollen ligt de nadruk op Zuid-Afrikaanse planten.

B.5.2   ZADEN

Silverhill Seeds
Postbus 53108, Kenilworth 7745, Zuid-Afrika, tel.: (0)21-762-4245, fax.: (0)21-797-6609, Internet: www.silverhillseeds.co.za, e-mail: rachel@silverhillseeds.co.za
Publiceert twee maal per jaar een omvangrijke zaadlijst van Zuid-Afrikaanse planten, waaronder bolgewassen.

B.5.3   VERENIGINGEN

The Indigenous Bulb Growers Association of South Africa (I.B.S.A.)
Postbus 12265, N 1 City 7463, South Africa
secretaris: de heer Paul F.X. von Stein
Leden ontvangen jaarlijks een tijdschrift en een nieuwsbrief. Daarnaast biedt de vereniging zaden van Zuid-Afrikaanse bolgewassen te koop aan.

International Bulb Society
P.O. Box 92136, Pasadena CA 91109-2136, USA

Leden ontvangen jaarlijks een tijdschrift en twee maal per jaar een nieuwsbrief. Daarnaast biedt de vereniging zaden van bolgewassen te koop aan. Internet: www.bulbsociety.com.

T - #0042 - 101024 - C16 - 254/178/8 [10] - CB - 9789054104681 - Gloss Lamination